어떻게 이상 국가를 만들까?

Good
morning
Good
night

'굿모닝 굿나잇'은 21세기 지식의 새로운 표준을 제시합니다.
이 시리즈는 (재)3·1문화재단과 김영사가 함께 발간합니다.

어떻게 이상 국가를 만들까?

1판 1쇄 인쇄 2021. 2. 22.
1판 1쇄 발행 2021. 3. 1.

지은이 주경철

발행인 고세규
편집 박보람 | 디자인 정윤수 | 마케팅 윤준원 | 홍보 박은경·이한솔
본문 일러스트 최혜진
발행처 김영사
등록 1979년 5월 17일(제406-2003-036호)
주소 경기도 파주시 문발로 197(문발동) 우편번호 10881
전화 마케팅부 031)955-3100, 편집부 031)955-3200 | 팩스 031)955-3111

ISBN 978-89-349-8830-4 04300
       978-89-349-8910-3 (세트)

홈페이지 www.gimmyoung.com   블로그 blog.naver.com/gybook
인스타그램 instagram.com/gimmyoung   이메일 bestbook@gimmyoung.com

좋은 독자가 좋은 책을 만듭니다.
김영사는 독자 여러분의 의견에 항상 귀 기울이고 있습니다.

이 책의 본문은 환경부 인증을 받은 재생지 그린LIGHT에 콩기름 잉크를 사용하여 제작되었습니다.

어떻게
이상 국가를
만들까?

주경철 지음

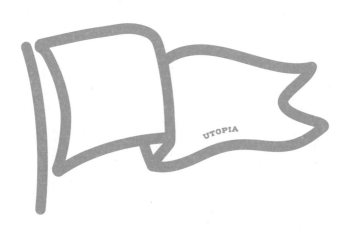

UTOPIA

유토피아의
역사에서 배우는
미래를 위한 교훈

김영사

우리에게는 꿈이 필요하다. 모든 사람이 행복하게 살아가는 더 나은 사회와 국가를 만들고자 하는 희망이 있어야 한다. 누구보다도 장래 대한민국과 세계를 무대로 활약할 오늘의 젊은 세대가 미래에 대한 비전을 키워가야 한다. 물론 미래 사회를 원하는 대로 만들 수 없을지 모른다. 그렇다고 해서 넋 놓고 무기력하게 살아가는 것은 젊은이의 방식이 아니다. 자신이 바라는 최선의 상태는 무엇인지 성찰하고 그 꿈을 꼭 이루어내겠다는 기백이 필요하다.

그러려면 철저히 준비해야 한다. 무엇보다 행복한 사회나 국가가 어떤 모습인지 깊이 사고해야 할 것이다. 그런데 막상 행복이 무엇인지, 어떻게 해야 행복한 삶을 살 수 있는지 생각해보면 막연하기 짝이 없다. 이때 한 가지 더 고려해야 할 점이 있다. '나' 자신의 행복한 삶이 당연히 중요하지만, 그렇다고 이 세상이 불바다가 되든 말든 나'만' 편안하면 된다는 식이어서는 곤란하다는 점이다. 그것은 도덕적으로 큰 문제고 실제로 가능하지도 않다. 나와 우리 모두가 조화롭게 행복을 누리는 공동체를 지향하는 꿈이 절실하다. 우리가 이 책에서 유토피아utopia에 대해 생각해보고자 하는 이유다.

'유토피아'는 모든 사람이 행복하게 사는 상상 속의 이상향을 가리킨다. 이 말은 16세기 영국의 정치가이자 작가인 토머스 모어Thomas More(1478~1535)가 1516년에 출판한 책 이름에서 유래했다. 원래 이 책의 라틴어 제목은 《공화국의 최선의 상태와 새로운 섬 유토피아에 관한 즐거우면서도 유익한, 진실로 황금과도 같은 작은 책》이지만 통상 《유토피아》라고 부른다. 유토피아라는 말은 고대 그리스어 'u(없는)'와 'topos(땅, 나라)'를 합쳐서 만든 말이니, 결국 이 세상에 존재하지 않는 나라라는 뜻이다. 그런데 후일 작가 자신이 'u(없는)'는 'eu(좋은)'와도 통하며, 따라서 유토피아는 'eu(좋은)+topos(땅, 나라)', 즉 행복한 나라를 가리키기도 한다는 설명을 덧붙였다. 그러니까 이 세상에 존재하지 않지만 언젠가 이루어지기를 희망하는 이상적인 나라를 말한다.

사람들은 왜 이상향을 이야기하는 것일까? 그 이유는 우리가 살아가는 이 사회가 행복한 곳이 아니기 때문이다. 역사상 어느 사회든지 가난하고 고된 삶을 사는 사람이 많다. 긴장과 갈등, 차별과 억압이 없는 곳은 없다. 그러니 모든 문제가 사라지고 누구나 편안하게 살아가는 나라를 꿈꾸는 건 자연스러운 일이다.

어느 사회에나 꿈같은 이상향 이야기가 많이 있다. 예컨대 고대 그리스로마 신화에 나오는 '황금 시대'의 이야기를 살펴보자. 머나먼 과거, 인류 역사의 초기에는 사람이 힘들게 일하지 않아도 땅에서 원하는 것을 다 얻을 수 있었다. 그때에는 사람들도 모두 선하고 순진무구하여 평화롭게 살아갔다. 이 때를 황금 시대라고 한다. 그런데 시간이 흐르면서 대지大地나 사람 모두가 나쁘게 변질되었다. '은의 시대', '청동의 시대'를 거쳐 시간이 갈수록 사정이 나빠져서 오늘날 '철의 시대'에 이르자 온종일 땀 흘리며 일해도 먹을 것 하나 구하기 어렵고 사람의 성정은 각박해져서 서로 칼부림하며 싸운다.

이렇듯 지금 이 시대는 불행으로 가득하지만 먼 옛날에는 정말 살기 좋았다고 하는 식의 이야기는 세상 어디에나 있다. 기독교 성경의 에덴동산이나 중국 요순시대 이야기 등이 다 그런 종류다. 유럽 중세 민담 속 코케인Land of Cockayne 이야기도 비슷하다. 이곳은 고기와 술이 넘쳐서 일하지 않고 빈둥빈둥 놀아도 되고 남녀가 하고 싶은 대로 즐겁게 노는 데에만 열중하는 나라다. 늘 힘든 일과 배고픔에 시달리던 농민들이 생각한 단순한 종류의 낙원이다.

이런 곳이 실제로 있다면 정말 좋겠지만, 실은 그저 꿈같은 이야기일 뿐이다. 단지 고통스러운 현실에 지친 사람들이 위안 삼고자 만든 막연한 공상에 불과하다. 그런데 토머스 모어의 《유토피아》는 이 점에서 본질적으로 다르다. 유토피아 역시 허구이지만, 우리 사회가 앞으로 어떤 방향으로 나아가면 좋을지 구체적으로 생각해보자는 의미가 더 강하다. 현실 속 문제를 직시하고 그것을 해결하여 훨씬 더 행복한 사회를 만들자는 실천적인 의지가 그 안에 담겨 있는 것이다.

여기에는 우리의 삶이 개선될 수 있고, 사회는 진보할 수 있으며, 우리가 원하는 나라를 건설하는 게 가능하다는 믿음이 전제되어 있다. 이 믿음은 그냥 등장한 것이 아니다. 고대나 중세에는 사회 전체를 개선하고 국가를 새로운 방향으로 바꿔나간다는 생각을 하기 힘들었다. 이런 점에서 유토피아주의utopianism 문학작품은 근대의 기획project이다. 비록 스토리가 허무맹랑해 보일지라도 그 안에는 현실 사회문제에 대한 진지한 성찰이 깔려 있다. 유토피아적 상상은 막연한 꿈이 아니라 현실에서 출발하여 이상적인 방향을 타진하는 탄탄한 꿈이다. 앞으로 우리 사회가 어떻게 발전하면 좋을까 하는 고민에서 가상의 국가 구조 모델을 구상해보는 것이다. 그렇기 때문에 유토피아주의 작품은 정부 구성, 경제 작동 방식, 종교 제도부터 음식과 의복, 남녀 간 교제에 이르기까지 가능한 한 모든 일을 꼼꼼히 디자인하는 내용을 담고 있다.

꿈과 희망이 있어야 사회가 발전한다. 따라서 유토피아는 우리 사회의 발전을 위해 필요한 건전한 사고실험이다. 그렇지만 이 또한 잘못된 방향으로 전개되면 매우 위험할 수 있다. 유토피아적 상상이 자칫 신성한 이념처럼 떠받들여지고 권력과 결탁하면 끔찍한 사태를 초래할 수 있다. 조악한 이상주의에 따라 국가 전체를 급진적으로 개조하겠다면서 국민의 25퍼센트에 해당하는 150만 명을 집단 학살한 캄보디아의 크메르 루주Khmer Rouge 정권을 예로 들 수 있다. 잘못된 권력의 비틀린 꿈이 비극적 결과를 초래한 사례다. 세상은 실로 복잡하기 이를 데 없고 인간은 참으로 파악하기 어려운 존재다. 이를 무시하고 모든 문제를 일거에 해결하겠다고 하면 유토피아적인 이상이 디스토피아dystopia(유토피아와 반대되는 암울한 세상)로 귀결될 가능성이 높다.

이 책에서 유토피아에 대해 생각해보는 이유가 그 때문이다. 우리는 지금 이곳의 문제들을 점검하고, 모든 사람이 행복하게 살아가는 더 나은 나라를 어떻게 만들 수 있을지 고민해보아야 한다. 그러기 위해서는 차분하게 공부하고 성장해야 한다. 한 가지 방법은 지난 시대의 유토피아 기획들을 살펴보는 것이다. 달리 표현하자면 지난 시대의 꿈들을 연구해보는 것이다. 매 시대마다 탁월한 지식인들과 작가들이 자기 시대의 문제를 어떻게 파악하고 또 어떻게 풀어나가려 했는지, 그런 시도들의 장점과 단점은 무엇이었는지 점검해보자.

우리는 앞으로 토머스 모어의 《유토피아》부터 시작해서 대체로 한 세기씩 건너뛰며 각 시대의 대표적인 유토피아주의 작품을 분석할 것이며, 마지막으로 현대의 SF 작품을 볼 것이다. 물론 이 책에서 거론한 작품만으로는 방대한 유토피아주의의 전체상을 파악할 수 없다. 단지 많이 거론되는 작품을 선별하여 읽음으로써 시대의 큰 흐름에 대해 감을 잡아보는 정도의 의미다. 이 책에서 소개할 작품들은 다 우리말로 번역되어 있으니 서점이나 도서관에서 찾아 읽을 수 있을 것이다. 필자가 설명한 내용을 참고하면서 원래 작품을 자신의 시각으로 다시 읽어보기를 권한다.

이 책이 장래 우리나라와 세계를 더 좋은 곳으로 만드는 꿈을 키워나가는 데에 작게나마 도움이 되길 바란다.

Good
morning
Good
night

1
장

《유토피아》,
극단적 정의

1
《유토피아》의 탄생 배경

어느 날 런던 시내에 교수대가 설치되고 범죄자 스무 명이
교수형에 처해졌다. 도둑의 창궐을 막겠다며 본보기로 많은
절도범을 한꺼번에 처형한 것이다. 당국은 시민에게 교훈을
준다는 의도 아래 시체를 오랫동안 그 자리에 매달아 두었
다. 스무 명이 한번에 죽음을 맞고 그 시체는 시내 한복판에
서 썩어가고 있으니, 얼마나 처참한 광경인가. 이는 토머스
모어의 《유토피아》에 나오는 내용이다. 사실 죽은 사람들은
본디 악인이 아니다. 단지 부자들이 더 많은 돈을 벌려고 농
민들을 땅에서 내쫓았고 그 결과 곤궁해진 농민들이 불행
한 죽음으로 내몰렸을 뿐이다. 소수인 부자가 더 많은 돈을
벌기 위해 수많은 사람이 가난에 빠지다 못해 처참하게 죽

어야 한다면 그 사회는 과연 정의로운가? 이 지옥 같은 광경을 보고도 아무런 고민이 없다면 지식인이 아니다.

근대 사회는 극심한 부익부 빈익빈 문제를 낳았다. 문제의 핵심은 불평등이다. 이 문제를 해결하는 방안은 없는 것일까? 여기 속 시원한 답이 있다. 사유재산을 폐지하고 화폐를 없애는 것이다. 모든 사람이 똑같이 일하고 똑같이 나누어 가지는 데다가 아예 돈이 없으니 큰 재산을 모으는 것이 불가능해진다. 이런 기반 위에 완전히 새로운 국가를 건설하여 모든 사람이 공평하게 부를 누리고 수준 높은 행복을 누리도록 하자는 아이디어다. 하지만 이런 극단적인 방안은 과연 올바른 답이 될 수 있을까? 이 국가는 사람들의 행복을 보장해줄까? 더 근본적으로 진정한 행복은 무엇일까? 모어는 이런 식으로 차례로 문제를 제기하고 그에 대한 자신의 답을 내놓은 다음 과연 이것이 올바른 답인지 다시 묻는다.

모어의 책은 쉽게 읽을 수 있는 흥미로운 이야기 같지만 막상 분석해보면 상당히 까다롭다. 《유토피아》를 세밀하게 분석하며 읽다 보면 이 책에서 소개하는 국가가 정말로 이상적인 모델인지 아니면 반대로 피해야 할 모델인지 쉽게 판단이 서지 않을 것이다. 모어의 메시지는 결코 단순하지 않다. 저자는 단순히 완벽한 사회 모델 하나를 던져준 게 아니라 그것에 대한 투철한 성찰을 요구한다. 이후 등장하는 많은 유토피아주의 작품에 이 책이 두고두고 큰 영향을 끼치는 데에는 여러 번 읽고 또 읽어도 또 다른 의미를 캐낼 수 있는 깊이가 있기 때문이다.[1]

토머스 모어는 1478년 잉글랜드에서 법률가 존 모어의 아들로 태어났다. 어릴 때부터 특출하게 영민했던 그는 일찍이 옥스퍼드 대학에 들어가 라틴어와 고대 그리스어를 공부했고, 고전 작품을 두루 섭렵했다. 법률가를 꿈꾸며 법학을 공부하다가 종교에 심취하여 10년 가까이 수도사 생활을 했다. 수도원에 들어가 보니 기도와 명상에 집중하는 고요한 생활이 어찌나 좋던지 평생 수도사로 살까도 생각했지만, 결국 마음을 바꾸고 수도원에서 나와 17세의 어린 소녀와 결혼했다. 이후 헨리 7세와 헨리 8세 두 국왕의 치세 동안 승승장구하며 법률가, 외교관, 런던시 사정장관보, 대

---

1 필자는 청소년을 대상으로 《유토피아》를 소개하는 책을 쓴 바 있다(주경철, 《유토피아, 농담과 역설의 이상 사회》, 사계절, 2015). 유토피아주의를 이야기하는 데에 토머스 모어의 책을 빼놓을 수 없으므로, 모어의 《유토피아》에 대해 더 자세히 알고 싶은 독자는 필자의 책을 읽으면 도움이 될 것이다.

법관까지 역임했다. 그러는 동안에도 신학·역사·철학·문학 공부에 매진하여 최고 수준의 학자 반열에 올랐다.

　책을 쓴 사람이 어떤 사람인지 파악하면 그 책을 잘 이해하는 데 도움이 될 수 있다. 이 책도 마찬가지다. 우선《유토피아》가 한가로운 공상의 산물이 아니라, 현실 정치가로서 그 시대가 안고 있는 문제를 직접 맞닥뜨려 본 지식인의 치열한 고민에서 숙성된 결과물이라는 점을 기억해두도록 하자.

　당시 유럽 사회는 백년전쟁과 페스트, 기근 등 엄청난 위기에서 겨우 벗어나던 참이었다. 한번 생각해보자. 사회와 경제가 쇠락했다가 회복 국면으로 들어가면 사람들의 삶이 나아질까? 꼭 그렇지도 않다. 서민은 쇠퇴기에도 힘들지만 성장기라고 편히 사는 건 아니다. 경제성장이 이루어져도 과실이 골고루 분배되지 않아서, 소수의 부자만 더 부유해지는 반면 많은 빈민은 더 힘든 처지로 몰리곤 한다. 모어의 시대에 사람들이 직면한 심각한 문제는 이른바 '인클로저enclosure' 사태였다. 이 문제에 대해 '양이 사람을 잡아먹는다'고 꼬집은 구절은 아마 이 책에서 가장 유명한 부분일 것이다.

인클로저 사태로 인한 농부들의 도시 빈민화

양들은 언제나 온순하고 아주 적게 먹는 동물이었습니다. 그런데 이제는 양들이 너무나도 욕심 많고 난폭해져서 사람까지 잡아먹는다고 들었습니다. … 만족을 모르고 탐욕을 부리는 한 사람이 수천 에이커를 울타리로 둘러막고 있습니다. 소작농은 쫓겨나서 여기저기 떠돌이 생활을 하다가 결국 도둑질 끝에 교수대에 매달리든지 아니면 유랑하며 구걸하는 수밖에 없습니다. 원래 경작과 수확을 위해 많은 일꾼이 필요했던 그 땅에 가축을 풀어놓은 뒤에는 한 명의 양치기면 충분하게 되었습니다.

이 구절이 뜻하는 바는 이렇다. 원래 시골에서는 많은 사람이 농사를 지으며 잘 살아가고 있었다. 그런데 직물업이 성장하여 양모 수요가 늘고 가격이 급등하자 지주 귀족으로서는 농사보다 양을 쳐서 양모를 파는 것이 훨씬 큰 이득이 되었다. 그래서 농민을 내쫓아 버리고 넓은 땅에 울타리를 쳐서 목장을 만들었는데, 이 현상을 '인클로저'라 한다. 고향에서 쫓겨난 사람은 도시로 가서 비참한 빈민 생활을 하다가 많은 경우 범죄자가 되고, 심지어 사형에 처해진 사람도 많았다. 이 사람들이라고 원래부터 사악한 범죄자였던 건 결코 아니다. 다만 더 큰 이익을 탐하는 지주 귀족 때문에 이런 사태가 벌어진 것이다. 소수가 부자가 되는 대신 다수가 빈곤에 빠지다 못해 죽음으로 내몰리다니, 이곳이 과연 정의로운 사회란 말인가? 이런 문제들을 다 해소한 이상적인 국가를 만드는 건 정녕 불가능할까?

《유토피아》는 두 부분으로 구성되어 있다. 저자는 완벽한 이상 국가를 소개하는 내용을 먼저 썼는데, 이 부분이 책의 2부가 되었다. 나중에야 영국의 현실을 다룬 내용을 쓰고 앞에 1부로 붙여 책을 완성했다. 사실 2부 내용은 이상 국가라고 하지만 금으로 요강을 만들고 결혼하려는 남녀가 나체로 선을 보는 식의 황당한 이야기여서 그것만으로는 그저 웃기는 이야기로 그칠 공산이 크다. 그런데 현실 사회의 문제가 어떠하며, 그 문제를 해결하기 위해서는 어떤 조건이 필요한가를 설명하는 1부가 앞에 덧붙여지자 황당하기 짝이 없는 2부의 내용이 설득력을 얻으며 제자리를 찾게 되었다. 1부는 고통이 가득한 디스토피아이며, 이곳의 문제를 해결하고 2부에서 그리는 유토피아로 발전해 가야 한다는 방향성을 띠게 된 것이다.

책은 저자 자신이 외교 문제를 해결하기 위해 플랑드르로 출장 가는 이야기로 시작한다. 모어는 그곳에서 유토피아라는 나라를 보고 왔다는 선장 라파엘 히슬로다에우스Raphael Hythlodaeus를 만나 대화를 나눈다. 주인공의 이름 히슬로다에우스는 그리스어 후트로스huthlos('넌센스'의 뜻)와 다이엔daien('나누어주다')의 합성으로 '허튼소리를 하는 사람'이라는 뜻이다. 히슬로다에우스의 식견이 대단하다는 것을 알아본 모어는, 이상 사회에서 보고 들은 내용을 현실에 적용하면 이 세상을 개선할 수 있을 테니 국왕에게 가서 봉사하라고 권한다. 그렇지만 히슬로다에우스는 그 권고를 거절한다. 국왕이나 신하들 모두 다른 나라를 공격하여 정복할 생각뿐이고, 그러기 위해 국민에게 많은 세금을 거두려 하며, 이런 목적을 위해 법과 권력을 동원해 강제로 통치하고자 할 뿐이어서 자신의 제안은 전혀 먹혀들지 않으리라고 대답한다. 즉, 정치판에 끼어들어 봤자 되는 일도 없고 피곤할 뿐이라는 것이다. 이에 대해 모어는 아무리 여건이 어렵다고 해도 최선의 노력을 기울여 조금씩이나마 현실을 개선하는 게 중요하다고 주장하지만, 히슬로다에우스는 조건이 안 갖추어져 있다면 백날 노력해도 유토피아 같은 나라를 건설할 가능성이 없다고 반박한다. 그렇다면 이상 국가를 만들기 위해 대체 어떤 조건이 필요하단 말인가? 1부 마지막 부분에서 히슬로다에우스는 폭탄선언을 한다.

내 생각을 솔직하게 이야기하면 사유재산이 존재하는 한, 그리고 돈이 모든 것의 척도로 남아 있는 한, 어떤 나라든 정의롭게 또 행복하게 통치할 수 없습니다.

사유재산이 완전히 폐지되고 돈이 없어져야만 이상 사회 건설이 가능하다는 주장이다. 그런 나라는 극단적인 공산주의 국가를 연상시킨다. 이에 대한 모어의 응답 또한 공산주의 비판에서 흔히 나오는 내용이다.

하지만 저는 의견이 다릅니다. 내 생각에는 모든 것을 공유하는 곳에서는 사람이 잘 살 수 없습니다. 모든 사람이 일을 하지 않으려고 할 텐데 어떻게 물자가 풍부하겠습니까? 이익을 얻을 희망이 없으면 자극을 받지 못합니다. 그래서 모두 다른 사람에게 의지하려 하고 게을러질 것입니다.

마치 공산주의 모델이 옳으냐 아니냐 하는 논쟁처럼 보인다. 미리 말하자면, 유토피아를 공산주의의 선구로 보는 견해야말로 가장 잘못된 해석이라 할 수 있다. 물론 이 책에서 거론된 국가는 사유재산과 화폐가 사라지고, 모든 사람이 함께 일하고 함께 나누어 먹음으로써 평등이 실현된 곳이다. 그렇지만 그것은 최종 목표가 아니라 더 높은 가치, 더 큰 행복을 실현하는 데 필요한 전제 조건일 뿐이다. 그렇다면 유토피아는 어떤 의미에서 행복한 나라일까? 이 문제에 답하려면 작품 속에서 등장하는 유토피아라는 나라가 과연 어떤 곳인지 살펴보아야 한다.

2

행복한 나라를 만들기 위한 기반

유토피아는 고립된 섬나라다. 이 나라에는 54개의 도시가 존재하는데, 모두 하나의 계획안에 따라 건설되었기에 똑같은 모양을 하고 있다. 우리나라로 치면 서울, 부산, 대전, 광주 등 모든 도시가 다 똑같이 생긴 셈이다. 도시 내의 주택 또한 같은 구조를 하고 있다. 집의 문은 항시 열려 있어서 누구든 밀고 들어갈 수 있다. 그러니까 사유재산이 없는 정도가 아니라 사생활이 없다고 하는 편이 맞다. 식사도 각자 자기 집에서 하는 게 아니라 마을회관에 모여서 함께 먹는다. 그뿐 아니라 국민 모두가 똑같은 옷을 입고 있다. 건국이래 수백 년 세월 동안 변하지 않았다는 이 옷은 특별한 색깔 없이 원래의 양모 색 그대로인 수수한 옷이다. 한번 상상해보자. 만일 어느 나라를 방문했는데, 똑같이 생긴 도시에 똑같이 생긴 집에서 모두 똑같은 단색의 옷을 입은 사람들이 살고 있는 것을 보면 분명 기괴한 느낌을 받을 것 같다. 그러고 보면 이 나라는 전체주의 혹은 집단주의 요소가 강하다. 이는 다음의 주민 관리 지침에서도 알 수 있다.

한 도시가 지나치게 커지거나 작아지지 않도록 한 도시 안에 6000가구 이상이 되지 않게 하고 또 한 가구의 식구 수가 10명에서 16명 사이가 되도록 법령으로 정했습니다. 가구당 어린이의 숫자는 제한하지 않고 다만 어른의 숫자를 조정하는데, 식구가 많은 가구로부터 식구 수가 충분치 않은 가구로 사람을 이전시킵니다. 마찬가지로 인구가 많아진 도시 주민 일부를 인구가 부족한 도시로 이주시킵니다.

가족의 수가 정해져 있어서 그 이상이 되면 일부 인원을 빼서 옆집에 가서 살게 한다는 것이다. 그러면 한 집에 사는 사람들은 가족인가 아닌가? 도시 인구 역시 마찬가지여서 일정 수를 넘기면 국가의 명령에 의해 일부 주민을 다른 도시로 보낸다. 도대체 이게 무슨 의미란 말인가?

그들 스스로 "이 섬 전체는 마치 하나의 가족 같습니다"라고 말한다. 그런데 이 말을 잘 생각해보면 거꾸로 실제 가족은 그리 중요하지 않다는 뜻이 된다. 작은 내 가족이 아니라 나라 전체라는 '큰 가족'이 더 중요하다. 이 나라에 살려면 '나'라든지 '내 가족'만 중시하면서 하고 싶은 것을 맘대로 하면 안 되고 공동체 전체를 위해 살아야 한다.

이 나라의 핵심 원칙은 모든 국민이 하루 여섯 시간씩 일하는 것이다. 전 국민이 노력하여 일단 먹는 문제를 해결한다는 아이디어다. 여기에서 두 가지 점을 고려해볼 필요가 있다. 첫째, 누구라 할 것 없이 다 똑같이 일한다는 점이다. 이게 어떤 의미인지 이해를 도울 겸 이런 상상을 해보자. 조선 시대에 어떤 지식인이 양반, 상놈 가릴 것 없이 다 똑같이 하루 여섯 시간 농사일해서 모든 백성이 다 잘 먹고살 수 있게 하자고 제안했다고 생각해보라. 과연 양반이 '그럽시다, 우리 모두 발 벗고 나서서 일합시다' 하고 나왔을까? 결코 그랬을 리 없다. 이렇게 비교해보면 전 국민이 다 함께 일한다는 아이디어는 실로 혁명적인 발상이다. 둘째, 오직 생필품만 생산한다는 것이다. 예컨대 곡물로 막걸리나 맥주 같은 술을 만들지 않는다. 식량으로 사용할 곡물도 빠듯한 판에 불요불급한 상품을 만들 수 없다는 것이고, 동시에 술 마시는 행위, 혹은 더 넓게 생각해서 사치품 소비가 인간의 행복 수준을 높이는 데 아무런 기여를 하지 않는다는 이유 때문이다. 이 나라는 무엇을 생산하고 소비하는지 개인이 마음대로 정하지 못하는 곳이다.

　모든 국민이 사치를 모르고 근면성실하게 살아가는 곳이니, 정말 반듯한 나라인 건 분명하다. 하지만 솔직하게 말하면 천하에 답답한 곳이기도 하다. 당국의 감시 속에 강제로 일해야 하고, 먹고사는 데 필요한 물품 외에는 아무것도 생산하지 않으니 구할 수가 없다. 누구든 개인적으로 먹고 싶은 음식, 가지고 싶은 물건이 있겠지만 이 나라에서 그런 것은 찾아봐야 헛일이다. 그뿐 아니라 혹여 술을 마시고 취하거나 손에 다이아몬드 반지를 끼었을 때에도 그런 것은 진정한 행복과는 아무 상관없다고 잔뜩 훈계만 들을 것이다. 그러니까 이 체제가 유지되려면 국민에게 계속 절제의 미덕을 주입해야 한다. 모어의 유토피아는 '욕망 충족'의 이상향이 아니라 '욕망 억제'의 이상향이라 할 수 있다.

　모어가 그리는 이 나라에 대한 호불호는 시대에 따라 그리고 사람에 따라 다를 것이다. 아마 우리나라 청소년에게 이런 나라에 가서 살고 싶냐고 물으면 거의 대부분 아니라고 답할 것이다. 그렇지만 16세기 영국이나 조선의 가난한 농민이라면 다르게 답하지 않았을까? 하루 종일 뼈 빠지게 일해도 늘 굶주림에 시달리고, 가끔 흉년이 들면 굶어 죽을지 모르는 처지의 사람에게 하루 여섯 시간만 일하면 먹는 문제가 완전히 해결된다고 하면 당장 그곳에 가려 할 것이다. 그 시대, 그 상황으로 돌아가서 생각해보면 《유토피아》는 헛된 꿈이 아니라 매력적인 상상이었다.

이 나라가 지향하는 중요한 가치는 평등이다. 심지어 부자 계급이 생기는 것을 원천봉쇄하기 위해 화폐를 없애버리고, 금과 은으로는 죄수를 묶는 족쇄라든지 요강 같은 비천한 물품을 만드는 데 써서 귀금속을 천시하도록 교육한다. 불평등 문제를 이렇게 해결했으니, 앞서 말한 영국 사회처럼 지주 귀족이 더 많은 토지를 소유하고 그로 인해 가난한 농민이 쫓겨나 비참하게 죽는 사태는 일어날 수 없다.

이러한 부의 평등한 분배가 모어가 생각한 이상 사회의 핵심일까? 많은 사람이 그렇게 판단할지 모르지만 사실 이것은 절반만 본 것이다. 다 함께 일함으로써 먹는 문제를 해결한 것은 맞지만 이로써 극심한 불행을 피했을 뿐, 저절로 행복이 오는 것은 아니다. 사람이 밥만 먹는다고 행복한 것은 아니지 않은가. 가장 기본적인 문제를 해결했으니 이제 다음 문제, 더 높은 단계의 행복에 대해 생각해볼 차례다.

3
행복과 쾌락

행복이란 무엇일까? 모어의 설명에 의하면 행복은 '쾌락'으로 이루어진다. 쾌락이 실현되었을 때 사람은 행복을 느낀다. 그런데 쾌락이라는 단어가 주는 어감은 앞에서 말한 절제의 미덕 같은 내용과 안 어울린다. 우리가 쾌락이라고 할 때에는 세속적 욕구, 육체적 욕망 같은 것이 떠오르지 않는가. 모어가 이런 것을 추구하며 살라고 할 것 같지는 않다. 그렇다면 그가 말하는 쾌락은 일반적으로 생각하는 종류는 아닌 것이 분명하다.

작품 안에서 히슬로다에우스가 하는 설명에 따르면 쾌락은 크게 두 종류로 나뉘는데, 하나는 육체적 쾌락이고 다른 하나는 정신적 쾌락이다.

육체적 쾌락은 쉽게 말해 건강한 상태를 말한다. 건강한 상태를 쾌락이라는 말로 표현하는 게 약간 어색하지만 사실 건강이야말로 행복의 기초임을 부인할 수 없다. 건강을 잃으면 행복의 기반이 아예 사라지기 때문이다.

건강으로 대표되는 육체적 쾌락은 가장 기본적인 행복의 요소이지만, 그렇다고 가장 중요한 요소는 아니다. 기본적인 것과 중요하다는 것은 분명 다르다. 육체적 건강이 기초이지만 그렇다고 육체적 건강만 유지하면 끝이라고 할 수 없다. 인간이 진정 인간답고 행복한 존재가 되려면 정신적 쾌락을 만족시켜야 한다. 그게 뭘까? 《유토피아》는 이에 대해 "지식, 그리고 진리를 관조함으로써 오는 즐거움, 또는 잘 보낸 한평생을 되돌아볼 때의 만족이나 장래의 행복에 대한 의심할 바 없는 희망" 같은 것이라고 표현한다. 덕성스럽게 살아가고 남을 위해 봉사하며 신을 찬미하는 것, 그리고 이런 삶을 살기 위해 수양하는 노력 자체가 가장 소망스러운 삶의 태도이다. 당연한 일처럼 보여도 사실 평생 건강하면서 덕성스러운 삶을 살아간다는 건 결코 쉽지 않다.

여기에서 놓치지 말아야 할 점은 어느 한 개인이 아니라 국민 모두가 그와 같은 '쾌락=행복'을 누린다는 사실이다.

달리 표현하면 이 나라는 모든 사람이 육체적 쾌락과 정신적 쾌락을 실현할 수 있는 제도를 갖추었다. 이 점을 확인하기 위해 앞서 설명한 내용을 되짚어 보자.

우선 모든 사람이 건강한 삶을 살 수 있어야 한다. 가장 필요한 것은 안정적으로 식량을 확보하는 것이다. 유토피아에서는 모든 시민이 다 함께 일함으로써 이 문제를 해결했다. 이로써 이 나라는 가장 기본적인 행복의 요소, 즉 육체적 쾌락을 만족시킬 수 있었다. 아마 많은 사람은 공동생산 공동분배를 통한 물질적 개선에만 주목하여 유토피아가 이 때문에 행복한 나라라고 판단했겠지만, 사실 이것은 절반만 맞는 해석이다. 이 나라 사람들이 행복한 이유는 육체적 쾌락을 만족시킨 다음 그보다 더 소중한 상위의 행복 요소, 곧 정신적 쾌락을 누린다는 데에 있다. 이 관점에서 볼 때 모든 사람이 하루 여섯 시간 일한다는 것의 진짜 의미는 일하고 남는 여유 시간을 확보하여 정신적 쾌락을 위한 활동을 한다는 것이다.

이 나라 사람들의 일상을 재구성해보자.

유토피아 사람들은 하루 스물네 시간 중에 여섯 시간만

일에 할당합니다. 이들은 오전에 세 시간 일하고 점심을 먹습니다. 점심 식사를 한 후에는 두 시간 정도 휴식을 취하고 다시 나머지 세 시간을 일하러 갑니다. 그 후에 식사를 하고 8시에 취침하여 여덟 시간을 잡니다.

이들은 저녁 8시에 취침하여 새벽 4시에 일어나고, 오전 9시부터 12시까지 세 시간, 다시 오후 2시부터 5시까지 세 시간 일한다. 그러면 오전 4시부터 9시까지 다섯 시간, 오후 5시부터 8시까지 세 시간 정도 여유 시간이 있다. 이 시간에 무엇을 할까? '잠을 자든 뭘 하든 각자 자유!' 이러는 게 아니라 다 함께 모여서 지적 혹은 종교적 수련 활동을 한다. 특히 새벽 시간에 있는 공개 강의 참석이 중요하다. 이것은 새벽 5시부터 7시 사이에 첫 수업을 하는 당시 대학 혹은 수도원의 일정을 연상시킨다. 앞서 이야기한 모어의 생애를 다시 떠올려보자. 그는 옥스퍼드 대학에서 공부했고 수도원에서 오랜 시간을 보냈다. 이 기간이 그에게는 너무나 행복해서 아예 학자나 수도사로 평생을 지낼까 생각한 적도 있었다. 모어가 생각하기에 가장 이상적 행복은 지적·정신적 수양에 힘쓰며 덕성스럽게 살아가는 것이다. 먹고살아 가는 문제의 해결은 이런 높은 차원의 행복을 마련하기 위한 전제 조건이었던 셈이다.

영국 사회가 불행으로 가득한 이유는 우선 식량 확보라는 기본 문제가 해결되지 않았으므로 건강한 삶을 산다는 1차원의 행복을 달성하지 못했기 때문이다. 여기에서 한번 더 깊게 생각하면, 이 사람들은 인간의 행복 중 더 중요한 요소인 정신적 쾌락에는 아예 접근도 못 한 채 생을 마감했기 때문에 더욱 비참하다고 할 수 있다.

이 나라의 철학을 정리하면 집단적인 행복의 추구다. 나의 행복만 아니라 우리 모두의 행복을 함께 달성하려 한다. 그러려면 각 개인이 자신의 쾌락만 추구해서는 안 된다. 이 나라는 개인의 사적 욕망을 마음대로 충족시키는 곳이 아니라 오히려 욕망을 절제하는 곳이다. 진정 큰 행복은 덕성스럽게 살아가는 것인데, 그것을 모르고 남보다 더 많은 재산을 쌓으려 하거나 더 좋은 옷을 입거나 보석에 눈을 돌리거나 하면 결국 나도 불행에 빠지고 다른 사람의 행복도 방해하고 만다. 각자 알아서 행복한 게 아니라, 모든 사람이 행복을 누리되 나도 그중 한 사람으로서 행복을 누려야 한다는 것이 이 나라의 논리다. 다시 정리하면, 모든 사람이 함께 일해서 1차원적 행복의 기초를 다지고, 여유 시간에 다시 집단적으로 노력하여 고차원의 행복을 함께 누리는 것이 골자다.

히슬로다에우스는 유토피아에 대한 설명을 마치면서 이 점을 힘껏 강조한다. 현실 세계에서 유토피아 같은 이상적인 제도가 성립 불가능한 이유는 단적으로 말해서 인간의 오만 때문이다. 자신을 남보다 우선시하는 태도가 모든 사람이 행복하게 잘 살 수 있는 나라의 성립을 불가능하게 만든다는 주장이다. 오만은 "최악의 질병이자 만악萬惡의 근원"이다. 인간의 본성은 이토록 천박하게 타락할 수 있지만, 이상적인 제도를 통해 그런 단점을 충분히 고칠 수 있다.

여기까지가 히슬로다에우스가 설명한 내용이며, 토머스 모어가 주인공의 입을 빌려 주장하는 결론으로 보인다. 누구나 그렇게 생각할 것이다. 책의 마지막 페이지를 읽기 전까지는….

모어는 히슬로다에우스의 입을 빌려 자신이 생각하는 이상
사회의 프로그램을 제시한 것일까? 독자는 이 책을 읽는 동
안 점차 이런 생각에 빠져들어 갔을 것이다. 그런데 책의 끝
부분에 실로 놀라운 극적 반전이 일어난다. 작품 말미에 모
어 자신이 다시 등장하여 의견을 말하는데, 놀랍게도 그는
히슬로다에우스의 주장에 전적으로 반대하며 비판적으로
논평한다.

라파엘 씨가 이야기를 마쳤을 때 그가 설명한 유토피아의
관습과 법 가운데 적지 않은 것이 아주 부조리하게 보였다.
그들의 전쟁술, 종교 의식, 사회 관습 등이 그런 예지만, 무

엇보다도 내가 가장 큰 반감을 가진 점은 전체 체제의 기본
이라 할 수 있는 공동체 생활과 화폐 없는 경제였다.

독자는 이 마지막 부분에서 충격을 받지 않을 수 없다.
'아니, 이게 뭐람? 왜 막판에 정반대 이야기를 하지? 그러려
면 책은 왜 썼대?' 이 말이 절로 나올 것이다. 작품 내내 진
지하게 이상 국가 이야기를 해놓고, 결론 부분에 와서 모든
것을 다 뒤집어엎지 않는가. 그것도 지엽적 사실을 반대하
는 게 아니라 가장 중요한 전제 조건이 되는 공동체 생활과
화폐의 부재가 받아들일 수 없는 점이라고 주장한다.

도대체 모어의 진의는 무엇일까? 유토피아는 이상 국가
인가, 부조리한 공상에 불과한가? 작품 속 모어와 히슬로다
에우스 중 어느 편이 진짜 모어의 뜻일까? 이 점에 대해서
는 전문 연구자 사이에서도 의견이 엇갈린다. 감히 말하자
면 모어는 일부러 독자가 혼란에 빠지도록 의도했다고 보
인다. 히슬로다에우스가 설명하는 유토피아도 모어의 생각
이고, 그것이 얼마나 부조리하고 위험한 생각인가 하는 비
판의 목소리도 모어의 생각이다.

모어는 불행한 현실 세계의 실상을 보고 이 문제를 해결

할 수 있는 '극단적인' 해결책으로서 유토피아라는 모델을 제시했다. 모어가 내세운 주인공 히슬로다에우스가 먼저 이상적이지만 극단적인 주장을 개진하고, 다음에 작품 속 모어가 현실의 입장에서 반박한다. 현실을 대변하는 '자아'가 실험적 사고를 하는 '또 다른 자아'의 이야기를 듣고 그것에 대해 토론하고 논쟁하고 결국 반대 의견을 펼친다. 반대의 요체는 작품 속에 몇 번 나오는 "극단적 정의는 부정의 不正義"라는 표현이다. 그는 정의롭지 않은 세상을 고쳐보겠다는 의도로 현실을 완전히 뒤집은 극단적인 모델을 제시했다. 그러나 그것은 한편으로 정의일 수 있지만, 다른 한편 그 자체가 또 다른 부정의가 될 위험이 크다.

이 작품에서 거론된 유토피아의 모습을 문자 그대로 실천하는 것은 불가능할 뿐 아니라 오히려 해악이 될 수 있다. 말하자면 유토피아가 디스토피아로 전락할 수 있다. 저자는 이 계획을 따르기만 하면 곧바로 이상 국가를 만들 수 있다는 식의 청사진을 제시한 게 아니다. 그렇다면 모어는 왜 이 책을 썼단 말인가? 그는 이상향의 한 가지 사례를 제시하면서 동시에 이런 사고방식이 얼마나 위험한지도 이야기한 셈이다. 여기에서 중요한 점은 사고실험을 해본다는 사실 그 자체다. 책의 마지막 부분을 보자.

우리가 나중에 시간을 내서 이 문제에 대해 더 깊은 의견을 나누고 조금 더 자세한 사실을 들었으면 좋겠다고 말했다. 사실 언젠가 그런 기회가 주어지기를 지금도 고대한다. 한편 비록 그가 의심할 바 없이 대단한 학식과 경험을 가진 것은 분명하지만, 나는 그가 말한 모든 것에 동의할수 없다. 그렇지만 고백하건대 유토피아 공화국에는 실제로 실현될 가능성은 거의 없지만 어쨌든 우리나라에도 도입되면 좋겠다고 염원할 만한 요소가 많다고 본다.

이 책에서 제시한 유토피아는 좋은 부분도 있고 동의할수 없는 부분도 있다. 모어 자신도 한 가지 아이디어로 모든문제를 풀 수 있을 정도로 세상이 그렇게 단순하지 않다는사실을 잘 알고 있다. 그럼에도 우리는 해결책을 찾는 시도를 포기해서는 안 되며, 지속적으로 아이디어를 내고 그에대해 이야기해보는 노력을 기울여야 마땅하다.

이상의 내용을 정리해보자. 우선《유토피아》라는 텍스트를 단편적으로 읽고 쉽게 결론을 내리면 안 된다는 사실을 알게 되었을 것이다. 모어는 답안을 그냥 던져 주는 스타일이 아니다. 당면한 문제가 너무나 심각하고 긴급한 방안을 요하는 것은 분명하다. 그렇더라도 성급하게 '단순무식한' 답을 내놓으면 안 된다. 잘못된 답은 오히려 문제를 더 악화시킨다. 그것은 천국으로 이끄는 길이 아니라 지옥으로 가는 급행 루트가 될 수 있다. 다시 강조하지만 극단적 정의는 부정의와 다름없다. 그렇다면 어떻게 하라는 말인가? 뾰족한 답은 없다. 우리가 직면한 문제를 정확히 파악한 후 그것을 풀 수 있는 방안에 대해 생각하고 또 여러 사람과 논의하는 수밖에 없다. 작품 속 주인공인 히슬로다에우스라는 이름이 가리키는 바처럼 우리가 생각해본 가상의 답이 허튼소리에 불과하더라도 그것은 의미 깊은 허튼소리이고, 이런 시도를 통해 우리 내면에서 높은 차원의 사고실험을 해볼 수 있다. 이와 같은 진중한 논의와 토론이야말로 행복한 사회로 나아가기 위해 꼭 필요한 과정이다.

종교와 과학의 유토피아:
캄파넬라와 베이컨

시대가 바뀌면 사회가 변화하고 새로운 문제가 발생한다. 그리고 그것은 새로운 개혁 방안을 요구한다. 근대의 시작 시점인 16~17세기에 서구 사회는 급격한 변화를 겪었다. 무엇보다 루터 이후 종교 개혁으로 인해 유럽 기독교 세계의 통일성이 깨졌다. 1000년 이상 유지되어 온 가톨릭 단일 종교 체제가 붕괴하고, 구교(가톨릭)와 신교(감리교, 장로교, 침례교 등 다양한 개신교 종파들)로 양분되었다. 동시에 이 세상과 우주를 새로운 방식으로 관찰하고 이해하는 과학혁명이 시작되었다. 다른 한편 콜럼버스 이후 유럽인은 세계 각지를 항해하며 낯선 문명을 경험하고 왔다. 유럽 세계는 사회적으로나 정신적으로나 격변의 연속이었다.

성장의 기회이자 동시에 혼돈의 도가니인 시대에서 사회는 어떤 길로 나아가야 하는지, 제대로 방향을 잡는 것이 매우 중요하다. 대개 두 차원에서 새로운 응답이 나왔다. 바로 종교와 과학이다. 하나는 하나님이 마련해주는 정의롭고 행복한 나라를 만들기 위해 각성해야 한다는 주장이고, 다른 하나는 관찰과 실험 등 합리적인 방법론을 통해 삼라만상의 기본 원리를 더 명료하게 이해하고 그것을 응용한 기술로 세상을 바꿔나갈 수 있다는 주장이다. 이런 내용을 문학적으로 표현한 중요한 유토피아주의 작품으로 톰마소 캄파넬라Tommaso Campanella(1568~1639)의 《태양의 나라》와 프랜시스 베이컨 Francis Bacon(1561~1626)의 《새로운 아틀란티스》를 들 수 있다. 전자는 다소 기괴하다 싶을 정도로 종교적 색채가 강한 전제국가를 그리는 반면, 후자는 과학과 기술을 기반으로 풍요롭고 강력한 국가를 건설하리라는 낙관적인 그림을 제시한다. 두 작품이 비슷한 시기에 나왔음에도 이토록 다른 성향을 보인다는 점이 흥미롭다. 종교와 과학은 인간의 행복을 위해 어떤 답을 제시할 수 있을까? 또 그 양자는 어떤 관계에 있을까?

1

《태양의 나라》, 종교가 지배하는 국가

톰마소 캄파넬라는 매우 기이한 사상가다. 아마 이 책에 소
개하는 여러 인물 가운데 가장 이해하기 어려운 주장을 펴
는 축에 속한다. 그는 1568년 남부 이탈리아의 칼라브리아
지방에서 가난하고 배운 것 없는 구두장이의 아들로 태어
났다. 10대에 도미니크수도회에 들어가서 신학과 철학을 공
부했는데, 점차 점성술astrology에 관심을 기울였다. 천문학
과 점성술은 어떻게 다를까? 천문학은 우주 천체를 관찰하
고 그 안에서 법칙을 규명하려는 자연과학이지만, 점성술
은 똑같이 우주 천체를 관찰하되 그로부터 세상의 운명이
나 신의 뜻을 읽어내려는 기술이다. 하늘을 보고 이 세상 돌
아가는 걸 어떻게 알 수 있단 말인가? 점성술적 우주관에서

종교개혁과 이탈리아 독립 운동

는 세상 만물이 서로 감응하므로 별의 움직임을 잘 관찰하면 지상에서 일어날 일을 미리 예측할 수 있다. 캄파넬라에게 그것은 종교이면서 신성한 과학이다. 그는 점성술을 통해 무엇을 읽어냈을까? 그가 하늘에서 찾아낸 것은 종말의 전조였다. 세상은 부패해 있고, 인간은 이성보다 광기에 지배되며, 선인이 고통당하고 악인이 지배하는 말세에 이르렀다. 오호라, 조만간 세상이 뒤집어질 것이다.

캄파넬라가 이와 같은 사상을 잉태한 배경으로는 두 가지를 들 수 있다.

첫째, 루터의 종교개혁이다. 1000여 년 동안 유럽인의 신넘과 삶에 절대적 영향력을 행사하던 교황청이 권위에 타격을 입었다. 캄파넬라의 종교적 사고 또한 정통 가톨릭교회의 가르침과 멀어져 급진적인 종말론으로 경도되었다. 부패한 이 세계는 곧 붕괴하고 완전히 새로운 시대가 열릴 것이라고 기대했다. 둘째, 이탈리아의 정치적 격변이다. 그의 고향 이탈리아 남부 지방은 에스파냐의 지배를 받고 있었기에 독립하고자 하는 열망이 대단히 강렬했다. 캄파넬라 역시 저항을 부추기는 설교를 하고 돌아다녔고, 1598년에 봉기가 일어났을 때 직접 참가했다.

그런데 이 두 가지는 내적으로 서로 연결되어 있었다. 캄파넬라에게 칼라브리아의 봉기는 단순히 한 지역의 독립 운동이 아니라 우주 전체가 변화하는 대사건의 예고편과 같은 것이었다. 이제 전쟁과 혁명이 지속적으로 일어나고 그 결과 새로운 신의 왕국이 탄생하리라! 이때 캄파넬라가 말하는 '혁명Revolution'은 원래 천문학 용어로서, 말하자면 우주 전체가 한 바퀴 완전히 돌아간다revolve는 의미다. 그의 관찰에 의하면 1600년에 태양과 별들의 합conjunction이 예수 탄생 당시와 같은 상태가 되며, 이는 곧 메시아의 재림과 연결된다. 그는 영적 권위와 현세의 권력을 모두 쥔 강력한 군주가 통치하는 '보편왕국(이 세상 전체를 한 군주가 지배하는 나라)'을 고대했다.

그렇지만 봉기는 실패로 끝났고, 캄파넬라는 체포되어 재판에 넘겨졌다. 그는 과거에 이미 반역과 이단의 죄로 체포된 적이 있으며 이번에 재범으로 잡혀 왔기 때문에 더 혹독한 취급을 당했다. 서른여섯 시간이나 계속되는 고문을 받았으나 끝내 자백하지 않고 광인으로 위장하여 겨우 목숨을 구했다. 대신 감옥에 27년간 갇혀 있어야 했다. 1626년이 되어서야 석방되어 파리로 갔고 그곳에서 1639년에 생을 마쳤다.

그는 실로 강렬한 신념의 소유자였다. 감옥에 갇혀 있는 동안에도 외부의 학자들과 서신을 교환하면서 자신의 사상을 전하고자 했으며, 여러 권의 저서를 집필했다. 그중 가장 유명한 것이 바로《태양의 나라》다. 이 책의 원고는 1602년에 완성했다가 1611년에 개정한 다음 다시 라틴어로 수정하여 1623년 프랑크푸르트에서 처음 출판됐다. 이후 유럽 각국 언어로 번역되어 나왔다.

《태양의 나라》는 분명 모어의《유토피아》의 영향을 강하게 받았다. 바다 넘어 먼 곳에서 완벽한 국가를 보고 온 선원이 대화 방식으로 그 나라를 소개한다는 내러티브 형식부터 유사하다. 대화의 주인공은 기사단 단장과 제노바 상인이다. 이 상인은 콜럼버스의 항해에 동행했다가 타프로반(실론섬) 근처에서 '태양의 나라'를 발견했다고 말한다. 이 나라는 거대한 평원 한가운데 7중의 원형 성벽으로 둘러싸여 있어서 외부의 적이 도저히 공략할 수 없는, 강력하고도 고립된 국가다. 각각의 성벽에는 행성 이름이 붙어 있다. 중심부로부터 십자형의 도로가 뻗어나가 성벽들을 관통한 후 4개의 성문으로 연결된다. 시의 한복판에는 언덕이 있고 그 위에 하늘을 표상하는 돔dome 지붕을 갖춘 원형의 사원이 자리 잡고 있다. 사원 안에는 우주를 그린 천체도와 지상을 그린 세계전도가 걸려 있다. 이러한 묘사에 나오는 하늘과 태양, 일곱 개의 행성, 사방위 같은 요소를 보면 이 도시의 구조 자체가 완벽한 우주의 이미지를 나타낸다는 것을 알 수 있다.

이 나라의 정치 구조 또한 우주론적이다. 최고 권력자는 호Hoh('태양')라 불리는 형이상학자다. 세 명의 집정관이 그를 보좌하는데, 폰Pon('권력')이 전쟁과 평화를, 신Sin('지혜')이 예술과 학문을, 그리고 모르Mor('사랑')가 결혼과 생식을 담당한다. 권력, 지혜, 사랑은 신의 세 가지 속성이다. '태양' 같은 존재가 영적이고 세속적인 모든 문제에 대해 최종 결정권을 가지고 있고, 신의 세 가지 속성을 가진 집정관이 실무를 담당한다고 하니, 전형적인 신정정치(신의 뜻을 받아 통치하는 체제)를 뜻한다. 이들이 일을 잘못하면 민회에서 소환할 수 있고, 또 자신보다 나은 인물이 보이면 스스로 물러난다고 하니 이론상 전제국가가 아니라고 하나, 실제로는 종교·철학과 정치가 하나로 통합된 강력한 권력 체제이다. 그러니까 이야기의 틀은 《유토피아》에서 가지고 왔지만, 안에 들어간 내용은 모어와 같은 르네상스 인문주의humanism보다 훨씬 더 종교적이다. '태양의 도시'라는 이름부터 성경에서 따왔다. "야훼께서 나에게 말씀하신다. 태양은 말없이 비추며 열을 내고 이슬은 햇살이 따스운 가을철에도 조용히 내린다. 나도 내 처소에서 가만히 지켜보리라"는 성경의 〈이사야〉(18:4, 공동번역 성경)에서 나온 것으로 보인다. 우주 작동의 제1의 요인이 빛과 열기의 근원인 태양이듯, 태양의 도시는 신의 뜻에 따라 살아가는 나라다.

극단적 신정정치 체제는 곧 사회의 모든 측면에 대한 완벽한 지배 및 통제로 이어진다. 말하자면 대통령이 하나님의 대변인이라고 상상해보라. 모든 국민은 하루 네 시간 일하며 남는 시간에 오락, 토론, 공부, 산책을 한다. 국민은 대개 농업에 종사하며, 상업이 거의 존재하지 않고 돈을 경멸한다. 아이들은 상인이 돈 몇 푼 벌려고 땀 흘리며 짐 옮기는 모습을 보면 비웃는다. 이런 점들은 모어가 그린 유토피아와 비슷하지만 더 극단적이다. 주민은 함께 일하고 함께 먹으며 또 함께 잔다. 옷은 1년에 네 번 갈아입고, 6개월마다 살 집을 다시 결정한다. 사랑으로 살아가니 법률이 거의 없고 범죄도 거의 없으며 따라서 감옥도 없다. 이 나라 사람들은 모두 건강하게 200세까지 산다고 한다.

지도자는 아이들의 교육에 온 힘을 쏟는다. 심지어 성벽에도 수학, 지리, 식물, 동물, 위인 등의 그림이 걸려 있어서, 아이들은 놀면서도 배운다. 아이들은 모든 종류의 지식을 경험하고, 모든 기술을 다 배운 다음 자신의 직업을 정한다. 여기까지는 국가가 관여할 수 있는 부분이라고 납득할 만한데, 심지어 젊은이들의 결혼 문제 또한 국가가 결정한다. 결혼이 가능한 연령은 남성은 21세, 여성은 19세다. 사랑하는 남녀가 원하는 대로 만나는 게 아니라 국가가 결정하고 감시한다. 그 목표는 더 나은 자손을 얻는 것이다. 남녀의 결합 시점은 점성술사와 의사가 정해준다. "남녀는 각자 다른 방에 있다가 시간이 되면 교사가 방문을 열어주어 짝을 맺게 한다." 그 시간 외에는 부부가 떨어져서 기도하며, 특히 여성은 훌륭한 사람을 마음속에 두어서 태아에게 영향을 주도록 한다. 그런데 부부 사이에 임신이 안 되면 여성은 다른 남성과 결합하며, 그래도 불임인 경우에는 여러 남성과 관계를 맺는다. 아이 또한 국가 소유다. 실로 놀라운 상상이다. 남녀 관계와 육아까지 국가가 관리할 정도로 극단적인 공유제를 구현한 것이다. "모든 소유 관념은 인간이 자기 집을 소유하고 자기 처와 자식을 가지는 데에서 발생하는 것으로, 바로 여기에 이기주의의 원천이 있기 때문이다." 내 집, 내 자식 챙기는 게 더 큰 공동체의 선을 구현하는 데 방해가 된다는 생각은 많은 사상가가 공유하는 점이다. 그래도 그렇지, 이 책처럼 남녀 관계까지 국가가 간섭하는 사례는 찾아보기 힘들다.

이 도시국가는 정치, 사회, 제도 등 모든 면에서 우주 조화를 재현하는 소우주다. 우주론에 근거하여 세상만사를 통제하다 보니 곡물의 파종·수확이나 사람의 결합·출산이 모두 점성술 원리에 따라 관리된다. 시민의 몸과 의식도 완벽하게 통제해야 한다. 캄파넬라는 심지어 너무 뚱뚱한 사람, 혹은 14세가 되었을 때 몸의 형태가 제대로 잡히지 않은 청소년을 시 바깥으로 축출해야 한다고 제안한 적도 있다. 당신의 몸도 당신 것이 아니라 신성한 국가와 조화를 이루어야 하기 때문이다. 그러다 보니 자칫 나치즘보다 훨씬 극심한 전체주의로 나아갈 위험성도 있어 보인다.

캄파넬라는 이런 기이한 나라가 정말로 이상적인 미래 국가이며, 이런 나라를 건설하는 게 가능하다고 보았을까? 연구자들은 다양한 견해를 제시한다. 누구는 캄파넬라가 현실 종교를 대신하는 새롭게 갱신된 기독교를 주창했다고 하고, 누구는 기존의 진실한 기독교를 옹호하며 그 내용을 상징적으로 그렸다고 한다. 누구는 후대의 공산주의 국가의 선구자라 하고, 누구는 중세적 보편 제국이라는 지난 과거의 꿈을 재현한 것이라고 한다. 이에 대한 답은 일단 놔두고, 우리가 생각해볼 중요한 점이 한 가지 있다. 저자의 문제의식을 잘 모르는 현대의 독자라면 캄파넬라가 머릿속으로 한번 괴이한 상상을 해본 게 아닐까 생각할 테지만, 그는 이 내용을 '문자 그대로' 실천하려 했다. 그가 감옥에 갇혀 있는 동안 그를 지켜본 동료 수감자의 증언에 의하면 그는 매일 뜨는 해와 지는 해를 바라보며 "오, 신성한 태양이시여, 하늘의 빛이여, 자연의 아버지시여" 하고 시작하는 종교의식을 엄숙하게 치렀다고 한다.

캄파넬라는 정말로 새로운 제국의 도래를 믿고 기다렸던 것 같다. 그의 생각에 원래 세계는 하나의 제국으로 통합되어야 마땅하나 사악한 악마 때문에 분열되었다. 하지만 이제 과거 로마제국처럼 강력한 군주가 통치하는 하나의 제국으로 다시 통합될 것이다. 새로운 메시아가 이 땅에 오고 그를 맞이하는 기독교 제국 안에서 모든 사람은 행복하게 살아가리라. '태양의 나라'는 실론섬이라는 먼 이방인의 나라로 설정됐지만, 이 이야기는 캄파넬라가 예감하는 새로운 세계의 모습을 그리고 있다.

오늘날 이 책은 학자의 연구 대상으로는 중요하나 일반 독자가 읽기에는 다소 난해하다. 그럼에도 이 책을 간략하게나마 소개하는 이유는 근대 서구 문명의 복합성에 대해 생각해보고자 함이다. 17세기는 갈릴레오와 뉴턴이 활동하는 과학혁명의 시작 시점이지만, 이 시기에도 기이할 정도로 종교적 색채가 강렬한 이상 사회를 꿈꾸는 지식인이 존재했다는 사실을 잘 드러내는 책이 《태양의 나라》인 것이다. 이 시기의 이상 국가에는 과학이 따로 있고 종교는 완전히 별개로 움직이는 게 아니라 사실 양자가 같은 곳을 바라보고 있고 서로 만나기도 한다는 점을 염두에 두자. 다음 작품이 그 점을 잘 보여주는 내용이다.

2

베이컨의 신성한 과학

프랜시스 베이컨의 《새로운 아틀란티스》는 캄파넬라의 《태양의 나라》가 나온 지 채 25년이 지나지 않은 시기에 출판되었다. 《태양의 나라》는 과도할 정도로 종교적 성격이 강한 데 비해 《새로운 아틀란티스》는 과학을 근간으로 하고 있다. 이 책은 흔히 '최초의 과학적 유토피아' 작품이라고 소개된다. 이상 사회의 근간을 과학기술에서 찾는다는 의미다. 앞 장에서 본 대로 토머스 모어는 모든 사람이 하루 여섯 시간씩 일하여 식량을 확보하고 쓸데없는 사치품 소비를 없애는 방식으로 이상 국가의 경제적 기반을 구상했지만 베이컨의 접근 방식은 다르다. 뭐 그렇게 쪼잔한 구상을 한단 말인가. 발전된 과학기술을 이용하여 '한번 먹으면 오랫동안 먹지 않아도 살 수 있는 음식'을 개발하면 될 일을….《유토피아》가 욕망 자제의 이상향이라면《새로운 아틀란티스》는 욕망 충족의 이상향이라고 할 수 있다. 과학기술의 힘을 사회 발전의 동력으로 삼는 과학혁명 시대의 철학이 구현된 것이다. 그런데 이때 베이컨이 말하는 과학과 기술은 대체 어떤 성격인가?

이를 이해하기 위해 프랜시스 베이컨에 대해서 살펴보자. 프랜시스 베이컨은 1561년 런던에서 대법관 니콜라스 베이컨의 막내아들로 태어나 엘리자베스 1세와 제임스 1세 두 국왕의 시대에 걸쳐 국회의원, 검찰총장, 대법관 등 요직을 두루 거쳤다. 고위직 정치인이면서 동시에 최고 수준의 학자라는 점은 모어와 유사해 보인다. 하지만 모어가 고상한 기품의 소유자인 반면 베이컨은 권모술수에 능하고 자신의 야욕을 위해 배신도 불사하는 저열한 정치꾼이었다. 그는 뇌물수수 혐의로 의회에서 탄핵당하여 모든 직위를 박탈당하고 막대한 벌금까지 물어야 하는 최악의 상황에 내몰렸다. 그의 연구와 저술은 이런 상황에서 이루어진 일이다. 형편없는 인품에 최악의 부패한 관리였던 인물이 근대 과학 방법론의 효시가 되는 위대한 철학자라니 이 점부터 흥미로운 사례라 하지 않을 수 없다. 꼭 선한 사람만 역사 발전에 기여하는 건 아닌 모양이다.

베이컨이 일생에 걸쳐 완수하고자 한 기획은 '학문의 대혁신Instauratio magna'이라는 6부작이었으나, 결국 미완성으로 남았다. 이 중 1620년에 출간된 제2부가 베이컨의 주요 저서로 알려지게 된 《신기관Novum Organum》이다. 제목은 아리스토텔레스의 논리학 저서를 가리키는 '오르가논Organon(기관)'에 빗대어 구태의연한 과거 학문에 대항하는 새로운 학문 방법을 설명한다는 뜻이다. 베이컨은 인류의 모든 지식 체계를 정리하고 앞으로 어떤 지식을 어떻게 보충해야 하는지 밝힌다는 야심 찬 기획을 추진 중이었다. 아리스토텔레스로 대변되는 기존 학문의 논리는 일반적인 명제에서 출발하여 다음 명제로 나아가는 연역법인데, 베이컨이 보기에 이것은 새로운 과학적 지식을 창출하는 정당한 방법이 아니었다. 그보다는 실험과 관찰을 통해 개별 사례에 대한 지식을 쌓아나가면서 점차 일반적인 명제를 이끌어내는 귀납법이야말로 새로운 앎을 열어가는 최선의 방식이다. 실험과 관찰 없는 추상적 명제를 그는 우상偶像이라고 표현했다. 사람의 눈을 딴 데로 돌려 진리를 바라보지 못하게 한다는 의미다. 그는 네 가지의 우상을 거론한다. 곧 종족의 우상idola tribus(인류라는 종種의 본성에서 비롯된 편견), 동굴의 우상idola specus(개인의 특성에 기인한 편견), 시장의 우상idola fori(잘못된 언어 사용에서 생기는 편견), 극장의 우상idola theatri(맹목적인 권위나 전통의 준수에서 생겨나는 편견)이다.

《새로운 아틀란티스》는 이런 철학적 내용을 이야기에 담아 표현한 작품이다.

중국과 일본을 향해 페루에서 출항한 배가 바다 한가운데에서 조난되는 것으로 이야기는 시작된다. 죽음의 공포에 휩싸인 선원들은 어둠의 혼돈 속에서 기적을 바라며 하나님께 기도를 올린다. 이때 먼 곳에 희미하게 섬이 보여 그곳으로 항해해 가니 드디어 항구가 나온다. 섬에서 작은 배 한 척이 이들을 향해 다가온다. 배에 탄 사람 중 대표로 보이는 사람은 지품천사智品天使(케루빔, 숭고한 지혜를 가진 천사)의 날개가 그려진 직인이 찍혀 있는 양피지를 내미는데, 거기에는 히브리어, 고대 그리스어, 라틴어, 에스파냐어로 상륙 금지를 알리는 내용이 적혀 있다.

이것이 작품의 시작 부분이다. '최초의 과학 유토피아'라더니, 과학과는 멀어도 너무 먼 모습 아닌가. 신화적 스타일로 쓰인 데다가 성경에 나오는 상징으로 가득하다. 선원들이 직면한 상태는 천지창조 이전 태초의 혼돈 상태를 연상시킨다. 이 부분은 육체적, 정신적 혹은 사회적으로 타락 상태의 사람들이 원래의 혼돈으로 되돌아가 거기에서부터 다시 질서를 되찾아간다는 상징이라 할 수 있다. 더군다나 이들을 맞이하는 사람은 천사의 이미지를 띠고 있다. 지품천사는 아담과 이브가 이 세상으로 내쫓긴 후 불 칼을 들고 에덴동산을 지키는 존재로 알려져 있다. 그렇다면 선원들이 이제 막 상륙하려는 섬은 신의 질서가 보존된 낙원을 상징한다. 앞으로 주인공 일행은 이 섬에서 과학의 이름으로 발견되고 정리된 신의 진리를 접하게 될 것이다.

선원들이 기독교도이며 현재 조난 상태라 긴급한 구원이 필요하다는 소식을 전하자 그제야 당국이 입국을 허용한다. 벤살렘이라 불리는 이 나라는 신세계와 구세계 모두에서 멀리 떨어진 곳이며, 그 어떤 나라도 이곳을 알지 못하니, 유토피아주의 문학의 주요 무대인 '세상에 존재하지 않는 곳Nowhere'의 일종이다. 주인공 일행이 머무르는 외빈관은 마치 유럽의 대학 기숙사와 같은 느낌을 준다고 묘사된다. 이 섬 전체가 대학교처럼 앎science의 장소라는 상징이다.

외빈관에서 사흘 동안 격리 생활을 마치자 외빈관의 관장인 신부가 등장하여 선원들에게 이 나라의 연원에 대해 설명해준다. 예수 승천 20일 후 주민들이 밤하늘에 거대한 원통형 빛의 기둥이 타오르는 것을 보는데, 몇몇 사람이 배를 타고 가까이 접근하려고 하지만 끝내 다가가지 못했다. 이 때 '솔로몬 학술원' 회원 한 명이 뱃바닥에 엎드려 기도를 올리자 빛의 기둥이 흩어지고 그 자리에 삼목 상자가 하나 놓여 있었다. 마치 모세의 궤와 같은 그 상자 안에는 신약과 구약 책, 이 상자가 닿는 땅의 백성은 구원을 얻으리라는 편지가 들어 있었다. 이런 연유로 벤살렘은 신의 특별한 은총을 받아 구원을 얻은 나라가 되었다.

이들의 설명에 의하면 플라톤이 기록한 나라 아틀란티스Atlantis는 무도한 일을 저지르다가 신의 분노를 사서 멸망했다. 원래 플라톤의 저서에는 이 나라가 지진으로 파괴되었다고 기술되었지만 사실은 홍수로 멸망했다고 이야기한다. 홍수를 굳이 거론하는 이유는 노아의 홍수처럼 죄의 결과로 하나님의 응징을 받아 멸망했다는 점을 강조하기 위함이다. 이렇게 구舊 아틀란티스는 죄로 멸망했지만, 새로운 아틀란티스는 하나님의 은총을 받아 새롭게 재생한 나라라는 것이다.

신이 인간에게 가르쳐주는 진리인 계시revelation와 인간의 이성으로 밝혀낸 결과물인 과학 간에 무슨 관계가 있을까? 앞서 솔로몬 학술원 회원 한 명이 빛의 기둥 앞에서 올리는 기도에 이런 내용이 나온다. "자연의 법칙은 하나님의 법칙이므로 특별한 목적을 위해서가 아니라면 자연의 법칙을 깨뜨리지 않는다"는 사실을 알고 있으니 은총을 베풀어서 창조의 비밀을 알려달라는 것이다. 하나님이 정해놓은 우주의 진리는 무작위random한 것이 아니다. 하나님은 이 세상을 합리적으로 만드셨고, 따라서 우주는 법칙적으로 돌아간다.

오늘 해가 동쪽에서 떴다가 돌연 내일 서쪽에서 뜨지는 않는다. 하나님이 그렇게 할 이유가 없지 않은가. 신의 뜻은 매번 계시를 통해 직접 알려주지 않는다고 해도 우리의 이성을 통해 이해할 수 있다. 이성 자체도 하나님이 인간에게 심어준 능력이다. 말하자면 신앙은 진리의 법칙성을 보장하고, 과학은 진리의 내용을 소상히 알아서 더욱 잘 지키도록 한다. 그러므로 과학은 하나님의 뜻을 이 땅에 구현하는 힘이 된다.

과학의 발전에는 지적 힘만 필요한 게 아니라 그것을 지탱해주는 국가의 힘도 필요하다. 벤살렘의 법제가 정비되고 국가의 틀이 잡힌 때는 약 1900년 전 솔라모나 왕 시기의 일이다.《경국대전》을 편찬하고 여러 제도를 정비한 조선의 성종과 비슷한 왕인 모양이다. 이 왕은 이미 행복한 상태인 이 나라에 어떤 변화를 주면 오히려 더 나빠질 뿐이라고 생각해서 외국인 입국을 완전히 금지했다. 다만 전근대 중국처럼 고립주의 정책을 펴다가 어리석고 무지한 나라로 전락한 게 아니라, 교류의 장점은 살리고 나쁜 점은 멀리 하는 선택적인 정책을 취했다고 주장한다. 곧 자신의 성취는 잘 지키면서 전 세계로부터 지적·정신적 결과물을 들여온다는 의미다.

이 나라의 과학 우위 정책을 잘 보여주는 점은 솔로몬 전당이라는 학술원이 최고 권위 기관이라는 데에서도 찾을 수 있다. 이 기관의 목표는 "사물의 진정한 본질을 발견"하는 것이며, "피조물을 창조한 신의 영광을 더욱 밝게 드러내면서 동시에 인간이 이들 피조물을 더욱 값지게 활용할 수 있도록" 하는 데 있다. 그래서 하나님이 6일 만에 우주를 창조한 데에서 본떠 이 기관을 '6일 작업 대학'이라고도 부른다. 도대체 이게 무슨 의미인지는 다음에서 자세히 살펴보도록 하자.

이 작품이 미완성 상태의 유작이다 보니 이 나라의 정치나 사회제도, 가족 관계 등에 대해서는 자세한 설명이 부족한 편이다. 대학이나 연구소를 연상시키는 학술기관이 최고 권위 기관이라는 점 외에 실제 국가 운영과 사회의 작동 방식은 어떠한지 자세히 알 수는 없다. 다만 이 나라가 가부장적이면서 건전한 곳이라는 점은 분명하다. 예컨대 성 문제에서 지극히 순결한 곳으로 소개되어 있다. 매춘과 동성애는 엄금한다. 청춘 남녀의 사랑에 대해서도 부모의 통제가 강해서 만일 부모 동의 없이 결혼하면, 결혼 자체가 무효화되지는 않는 대신 상속권을 상당 부분 잃어서 부모 재산의 3분의 1 이상을 받지 못한다.

주인공 일행이 솔로몬 학술원의 행차를 구경하는 장면의 서술을 보면 모어와 베이컨의 성격 차이를 확연히 느낄 수 있다. 《유토피아》에서는 화려한 외양을 자랑하는 것은 절대 해서는 안 되는 금기에 가깝다. 반면 이 작품에서 학술원 회원의 화려한 행차는 매우 긍정적인 방식으로 묘사된다.

삼목으로 만든 전차는 금박을 입히고 크리스털로 장식되었다. 전차의 상단과 하단은 각각 금 테두리를 두른 사파이어와 에메랄드 판벽이었다. 황금의 태양이 빛나는 전차의 꼭대기 앞부분에는 날개를 펼친 황금의 천사가 서 있었다. 전차는 파란 바탕에 황금 수가 놓인 천으로 덮여 있었다. …

이 나라가 매우 부유하고 화려하다는 인상을 받기에 충분한 대목이다. 앞에서 이야기했듯이 모어는 인간의 욕망이 과도하면 오히려 행복을 놓치므로 욕망을 통제해야 한다고 보았다. 그러다 보니 모어가 서술하는 유토피아의 삶은 궁핍하지는 않다고 해도 매우 소박한 느낌을 준다. 이에 비해 벤살렘에서는 인간의 욕망을 굳이 억누르기보다는 과학 기술의 힘을 통해 실현해주므로 결과적으로 풍요로운 삶을 누린다.

어느 날 학술원 회원 한 명이 주인공에게 은혜를 베풀어 학술원에 대해 자세하게 설명해준다. 이 부분이 이 책에서 가장 중요한 내용이다. 그의 설명에 따르면 학술원의 목적은 "사물의 숨겨진 원인과 작용을 탐구"하는 데 있다. 그럼으로써 "인간 활동의 영역을 넓히며 인간의 목적에 맞게 사물을 변화시키는 것"이다. 이 목적을 달성하기 위해 이 나라에서 진행 중인 여러 연구 분야를 소개해나가는데, 이 내용을 보면 수백 년 전 사람의 상상력이 어쩌면 이토록 풍부한지 놀라울 따름이다. 몇 가지 사례를 들어 보자.

유성 체계를 모방하고 그 운동을 보여주는 거대한 건물에서는 눈과 우박, 비를 인공적으로 내리게 할 수 있으며, 천둥이 일고 번개가 치도록 만들 수 있다. 한번 먹고 나면 다음에 오랫동안 먹지 않아도 살 수 있는 고기나 빵, 음료수도 개발했다. '천국의 물'이라 불리는 음료수를 마시면 건강이 증진되고 생명이 연장된다. 유럽에 없는 여러 기계가 있으며, 이 기계로 다양한 직물을 제조한다. 모든 종류의 빛과 색채를 실험하고 설명할 수 있는 연구실도 있다. 미세한 물체를 잘 볼 수 있는 현미경을 이용하여 작은 곤충, 보석의 흠집, 심지어 피에 들어 있는 세포도 정밀하게 관찰한다. 유럽인이 알지 못하는 온갖 종류의 크리스털이나 유리, 그 외에 생각지도 못하는 재료를 만든다. 온갖 종류의 동력장치를 개발하고, 탄도가 길고 파괴력이 뛰어난 대포를 만들었으며, 잠수함이나 수영 보조도구도 개발했다. 당연히 수학 연구소도 존재한다. 아주 간략히 열거했지만 농학·의학·생물학·식품학·약학·재료공학·기계공학·광학·수학 등 실로 거의 모든 과학 및 공학 분야를 아우르고 있다.

베이컨이 이토록 다양한 연구 분야를 열거하는 이유는 그동안 편견으로 인해 제한된 과학의 세계를 대폭 확대해야 한다는 점을 강조하고자 함이다. 과학은 정체되면 안 되며 움직이고 발전해나가야 한다. 한 가지 특기할 점은 베이컨이 말하는 과학은 순수과학보다는 응용과학 혹은 기술의 의미가 더 크다는 점이다. 단순히 자연을 법칙적으로 잘 아는 데 그치지 않고 그것을 이용해 풍요로운 성과를 가져오는 데 주안점이 있다. 그가 말한 유명한 경구 그대로 아는 것이 힘이기 때문이다. 그 힘이 곧 세상을 변화시키는 동력이 된다.

그는 단순히 학문 내적인 발전만 강조하는 게 아니라 대학과 연구소, 그리고 그것들을 지탱하는 국가기구의 역할도 거론한다. 학술원 회원의 임무와 활동은 다양하다. "신분을 감추고서 외국인의 이름을 가지고 외국에서 활동하는" 회원은 '빛의 상인'이라 불리는데 세계 각지의 발견이나 실험 결과를 벤살렘으로 가지고 오는 일을 한다. 서적에 적힌 실험을 수집하는 '약탈자', 새로운 분야를 실험하고 연구하는 '광부'도 있다. 순수과학과 응용과학, 인문학과의 관계를 다루는 사람, 장차 이루어질 과학 분야의 어젠다 설정 담당자, 심지어 과학 스파이까지 있다.

여기에서 한 가지 근본적인 질문을 던져보자. 이 학술기관은 '민주적'일까?

우리는 발견이나 실험 결과를 책으로 출판할 것인지의 여부에 대해 모여서 난상 토론을 벌이기도 합니다. 일반에게 알리지 않아야 할 사항에 대해서는 철저하게 비밀을 지킵니다. 몇몇 기밀 사항은 국가에 보고하기도 합니다.

이 부분을 보면 민주적인 것 같지는 않다. 과학은 일부 폐쇄적 집단의 전유물이며, 이들이 호의를 베풀어 일반에게 알릴 수는 있지만 그것은 그들의 결정 사항일 뿐이다. 필요한 경우 국가 기밀로 삼기도 한다. '아는 것이 힘'이라고 할진대, 그 힘은 일반의 눈에 잘 보이지 않는 전문가가 장악하고 있고, 이를 통해 국가 전반을 통제하며 국정을 운영한다. 지식을 통제하는 사람이 권력을 잡고 국가 전체의 전반적

운영을 하고 있으니, 어쨌든 이 사회는 큰 요동을 겪지 않고 안정을 누리며 발전해갈 것이다.

3
과학과 신앙

우리는 하나님이 창조하신 놀라운 세계에 감사하며 찬양하기 위해 매일 찬송을 부르고 일정한 의식을 거행합니다. 또 우리의 연구가 진리를 밝히도록, 그리고 그 결과로 세상을 복되게 하며 하나님의 은총을 드러내도록 하나님의 축복과 도움을 비는 기도를 드립니다.

《새로운 아틀란티스》의 마지막 부분에 나오는 구절이다. 첫 부분을 종교적 언사로 시작하더니 마지막 부분까지 그렇다. 과연 베이컨에게 과학과 종교 간의 관계는 어떤 것일까? 이와 관련하여 학술원의 연구 분야를 설명하는 부분 중 눈에 띄는 구절이 있다. 이 내용을 잘 살펴보자.

과실수를 비롯한 각종 야생 나무들을 접목해서 새로운 종류의 수목이나 새로운 결과를 얻습니다. 실험이 성공을 거두어서 나무나 꽃이 제철보다 이르게 열매를 맺으며 개화하기도 합니다. 더불어 천연의 과실수에 비해 과실이 풍성하며 크고 맛도 좋습니다. 향기나 색깔, 모양도 천연산보다 훨씬 멋지고 훌륭하지요. … 온갖 종류의 짐승과 새가 있는 공원도 있습니다. 희귀한 동물을 보고자 하는 목적도 있지만, 이들을 해부하고 실험해서 인간 육체의 비밀을 밝히는 도구로 사용하는 데 더욱 큰 목적이 있습니다. 우리는 동물을 원래보다 크게 만들거나 작게 만들 뿐 아니라 성장을 멈추게 만드는 방법도 터득했습니다. 서로 다른 종의 동물을 교배하여 새로운 종의 동물을 얻기도 합니다.

이 내용을 보면 학술원의 작업은 단순히 자연을 관찰하고 법칙을 파악하는 데에 그치지 않는다. 원래의 자연도 우리에게 꽃과 과일을 주지만, 새로운 방법을 개발해서 더 크고 향이 좋은 종으로 개선하는 게 가능하다. 실험과 해부 등을 통해 알아낸 방법을 적용하여 새로운 종을 만들어내기까지 한다. 이것의 극단적 상태는 세포 차원에서 생명체에 조작을 가하는 현대 과학의 클로닝cloning일 텐데, 베이컨은 이미 그러한 발전의 길을 예지하고 있다고 해도 과언이 아니다.

학술원의 별명인 '6일 작업 대학'은 하나님이 태초에 6일 동안 행한 창조 작업을 모범으로 삼아 연구한다는 의미를 내포한다. 과학 연구는 신의 창조 작업을 이어받아 피조물을 더욱 값지게 하는 작업이다. 다시 말해 신의 '창조creation'를 이어 받아 제2의 창조 혹은 '재창조re-creation' 작업을 한다고 할 수 있다. 사실 이것이야말로 원래 인간에게 부여한 신의 명령이었다. 우주를 창조할 때 신은 인간을 특별한 존재로 만들었고, 우주를 관리하도록 지시했다. 〈창세기〉에는 인간이 '신의 형상imago dei'을 따라 만들어졌다고 한다.

> 하나님이 자기 형상 곧 하나님의 형상대로 사람을 창조하시되 남자와 여자를 창조하시고 하나님이 그들에게 복을 주시며 하나님이 그들에게 이르시되 생육하고 번성하여 땅에 충만하라, 땅을 정복하라, 바다의 물고기와 하늘의 새와 땅에 움직이는 모든 생물을 다스리라 하시니라(창세기 1:27-28).

이 구절에 대해 아우구스티누스는 단순히 인간과 신의 '모습'이 닮았다는 의미가 아니라 인간이 마치 신과 유사한 정도로 신성하고 영원불멸한 존재라는 의미라고 해석했다. 우주 만물을 관리하려면 의당 이 정도의 탁월한 능력을 필요로 하지 않겠는가. 어떤 신학적 해석에 따르면 타락 이전에 인간은 아주 놀라운 능력을 보유했는데, 이는 영적으로 성스러울 뿐 아니라, 육체적으로도 뛰어난 능력을 의미한다. 이에 대해 영국의 작가이자 철학자 조셉 글랜빌Joseph Glanville은 아담은 망원경 없이 우주를 볼 수 있다고 표현했다.

그런데 타락으로 인해 이런 뛰어난 능력을 상실한 인간은 무력한 상태에서 이 세상에 나와 고통스럽고 힘들게 살아가야 한다. 그렇지만 인간은 100퍼센트 무능력한 상태로 내쳐진 것만은 아니다. 인간은 신이 부여한 특출한 능력인 이성을 가지고 있다. 이것으로 인간은 타락 이전에 가지고 있던 능력을 조금씩 만회해갈 수 있고, 최선의 노력을 기울여 황폐한 이 세상을 에덴동산과 비슷한 상태가 되도록 개선해갈 수 있다. 인간은 하나님이 다시 부를 때까지 아무 일도 안 하는 게 아니라 타락 이전의 상태로 되돌아가기 위한 노력을 기울이며 기다리는 중이다. 이 힘이 곧 과학이고 이

것을 세상에 구체적으로 구현하는 방식이 기술이다. 아담이 실제 맨눈으로 우주 전체를 볼 수 있는 능력을 가지고 있었는지 모르지만, 오늘날의 인간은 망원경으로 그 비슷한 일을 할 수 있다.

베이컨의 과학을 종교적으로 해석하면 타락 이전 상태로 만들어주는 힘을 가리킨다. 그러므로 원래 의미는 세속적인 부의 증대만을 목적으로 한 것이 아니다. 인간은 신의 보조자로서 우주를 관리하고 개선하여, 그런 신의 의지를 이 땅에 구현하는 신성한 나라를 만들 수 있다. 그렇지만 인간이 신을 대신한다는 것이야말로 아담이 저지른 죄이며 최대의 죄인 오만hubris 아닌가. 따라서 더는 잘못을 범하지 않으려면 인간의 자리를 잘 알고 지키면 된다. 즉, 자연을 지배하고 착취하는 게 아니라 신의 뜻을 잘 살펴서 보조적이고 협조적인 방식으로 자연을 관리해야 한다. 하나님이 인간에게 맡기신 일, 곧 자연을 관리하라는 것은 다시 말해 자연을 잘 이해하고 더 개선한다는 의미다.

과학적 유토피아라고 하지만 이 작품이 지극히 종교적 외피를 두르고 있는 것은 이런 연유에서다. 같은 의미에서 과학은 본래 신앙과 대척되는 게 아니다. 과학은 진리를 밝히면서 동시에 세상을 복되게 하는 것이며, 신의 은총과 계시를 더욱 값지게 한다. 그런데 역설적으로 바로 이 이유 때문에 근대 과학은 안심하고 종교에서 벗어나 독자적인 발전의 길을 갈 수 있게 되었다. 과학과 기술이 신앙을 더욱 돈독하게 하는 진정한 길이라는 '보장'을 받았기 때문에 오히려 종교로부터 독립하여 활동할 수 있는 자유를 누리게 된 것이다. 그 결과 현대에 와서 과학은 더 이상 종교의 든든한 뒷받침이 불필요해졌다.

근대 서구 문명의 힘은 뛰어난 과학기술에서 나왔다. 베이컨은 과학적 방법을 개발하여 얻은 힘으로 새로운 세상을 만들어갈 수 있으리라 보았다. 벤살렘은 그러한 과학기술의 힘을 상징하는 이상 국가다.

오늘날에는 종교와 과학이 서로 갈등관계에 처하곤 한다. 창조인가 진화인가 하는 식의 논쟁이 대표적인 사례다. 그렇지만 사실 근대 초 시점에서 이 두 영역은 생각보다 크게 분리되지 않았다. 단적으로 베이컨 혹은 갈릴레이, 뉴턴 같은 인물은 무신론자가 아니라 대개 신심 깊은 종교인이었다. 대개 이들이 견지하는 태도는 자신의 학문 활동이 신의 뜻을 밝히는 데 유용하리라는 것이다. 그렇지만 베이컨

의 작품에서 보듯 그런 태도가 사실이라고 해도 이제 과학
은 스스로 독자적인 기반을 갖추고 활기찬 발전의 길을 가
기 시작했다. 그리고 종내 종교와는 무관한 강력한 힘의 원
천이 되었다.

《캉디드》, 희미한 이상향

우리 사는 이 세상은 어떤 곳인가?

볼테르Voltaire(1694~1778)는 문제투성이 불지옥이라고 답한다. 대부분의 사람이 고통 속에서 산다. 정치 조직이나 교회, 사회 제도나 풍습 등 모든 것이 부조리하여 사람을 괴롭힌다. 여태 그래 왔고 앞으로도 계속 그럴 것이다. 단기간에 인간 사회가 개선될 가능성은 없으며, 모든 문제를 단번에 해결하는 것은 불가능하다. 그러면 체념하고 살라는 말인가? 그렇지 않다. 사회의 문제를 조금씩 개선하며 다소나마 더 행복하게 살 수 있는 사회로 나아가야 한다. 이것이 계몽주의의 사조이다. 사회의 부조리를 이성의 힘으로 해결하자는 계몽주의 사조는 정부, 사법, 경제, 도덕 등에서 개선 방안을 제시했다.

계몽주의 사상가 가운데 가장 특출한 인물이 볼테르이다. 당시 사람들이 이미 자신의 시대를 '볼테르의 시대'라고 표현할 정도로 그는 찬미의 대상이었으며 사상계의 슈퍼스타였다. 그가 쓴 수많은 책 가운데 지금까지도 가장 널리 읽히는 대표작이 1759년에 출판된 《캉디드 Candide, ou l'Optimisme》이다. 이 철학적 우화소설은 고통스럽고 모순에 찬 세계에서 우리가 어떻게 적응해서 살며 또 어떻게 이곳을 개선할 것인가를 이야기하는 작품이다. 그렇지만 《캉디드》는 전통적인 유토피아주의 경향의 작품과 결이 매우 다르다. 볼테르는 구체적인 이상 국가 계획안을 제시하지는 않았다. 작품 내에서 이상향 이야기는 '엘도라도 Eldorado'라고 불리는 아메리카 대륙 내 허구의 나라를 소개하는 것에 불과하다. 그야말로 아주 희미한 그림을 그렸을 뿐이다.

볼테르의 생각에 단번에 이상 국가를 건설하는 혁명적 아이디어 같은 것은 애초에 불가능하다. 차라리 눈을 낮추어 우리 사는 이곳에서 행복의 가능성을 조금씩이라도 확대해나가는 것이 최선의 길이다. 엘도라도는 그런 여정에서 일종의 길잡이 역할을 하면 족하다. 이처럼 어깨에 힘을 완전히 빼고 눈높이를 대폭 낮춘 유토피아주의 작품이 역설적으로 현실 세계에 지극히 큰 영향을 끼쳤다.

1
볼테르의 생애와 그의 시대

볼테르는 1649년 파리에서 하급 귀족 출신 법률가인 프랑수아 아루에Francois Arouet의 막내아들로 태어났다. 볼테르라는 이름은 나중에 스스로 지은 필명이고 원래 이름은 프랑수아마리 아루에Francois-Marie Arouet이다. 그는 예수회에서 운영하는 학교 루이르그랑에 다니며 라틴어와 신학을 배웠다. 아버지는 아들이 법률가가 되기를 바랐지만 볼테르의 뜻은 문학에 있었다. 아버지의 소개로 공증인 사무소의 조수가 되었지만 일은 하지 않고 시를 썼다. 이를 눈치챈 아버지가 네덜란드 주재 프랑스 대사의 비서 자리를 알아보아 그를 헤이그로 보냈지만, 이곳에서도 일은 안 하고 연애에만 몰두했고, 이 때문에 다시 파리로 불려왔다. 돌아와서도 이 불온한 천재는 계속 말썽을 부렸다. 귀족과 싸움이 붙자 무기를 사서 복수할 계획을 세우다가 당국에 붙잡혀 바스티유 감옥에 투옥되었다. 창도 없는 좁은 감방에 갇혀 지내는 괴롭고 힘든 시기였지만 그동안 문학과 철학 서적을 두루 읽으면서 지적으로 한 차원 더 성숙해진 기회이기도 했다.

그는 감옥에서 나오며 새로운 이름을 선보였다. 자신의 이름을 프랑수아마리 드 볼테르Francois-Marie de Voltaire라고 고친 것이다. 여기에서 눈에 띄는 것이 중간에 들어가는 'de'라는 전치사다. 영어의 'of'에 해당하는 이 단어는 귀족 이름을 나타낸다. 말하자면 자신이 귀족이라는 주장이다. 이것은 무슨 의미일까?

원래 귀족의 기원은 전사 집단이다. 이들은 목숨을 바쳐 싸우는 존재로서, 그들 주장에 의하면 나라를 지키며 '피의 세금'을 내기 때문에 다른 세금을 내지 않고 각종 특권을 누렸다. 그러나 시간이 흐르면서 귀족은 타락의 길을 걸었다. 특히 16세기 이후 돈이 필요한 국왕이 작위를 돈 받고 파는 제도를 만들어 남용했다. 그 결과 볼테르의 시대에 이르면 귀족은 무례하고 무식하고 족보만 중시하며, 평민보다 귀족의 피가 더 순수하다는 식의 멍청한 주장을 일삼을 뿐 제대로 된 역할을 전혀 하지 못한다. 이런 상황에서 볼테르가 자기 이름을 귀족식으로 변형한 것은 '진짜 귀족은 나!'라는 주장이다. 위대함을 갖춘 존재만이 존경받아야 마땅하다는 것이다.

이렇게 강한 자의식을 바탕으로 볼테르는 시대의 모든 문제에 간여하며 비판을 가했다. 그가 가진 무기는 펜이었다. 그는 모두 135권의 저서를 쓸 정도로 어마어마한 필력을 자랑했다. 요즘 같으면 신문에 글을 쓰는 것과 비슷한 정도로 많은 책을 써서 자신의 의견을 피력하고 여론을 이끌었다. "행동하기 위해 글을 쓴다"는 자신의 주장 그대로다.

당시 지식인은 자신이 살아가는 시기는 이성의 시대이며 진보가 이루어지고 있다고 보았다. 그 이전 중세의 사람은 이 세상은 변함없이 똑같은 상태로 영원히 지속될 것이라고 믿었으나, 이제 사회는 개선할 수 있으며 더 나은 세상을 만들 수 있다는 사고가 널리 퍼졌다. 그러려면 세상의 부조리를 없애야 한다. 종교적인 불관용, 고문, 전제정의 억압 같은 것이 대표적이다. 볼테르는 한마디로 이렇게 표현했다. "비열한 것들을 타도하자Ecrasez l'infame!"

이를 가능하게 만드는 힘이 바로 인간 특유의 능력인 이성이다. 즉, 생각하고 옳은 판단을 하는 능력이다. 이 힘으로 세상의 악을 없애자. 그런데 여기에서 한번 더 숙고해볼 필요가 있다. 이성은 만능인가? 나의 이성으로는 A가 옳은 것 같은데, 옆 사람의 이성으로는 B가 옳다고 하면 어떻게 해야 하는가? 다른 사람의 주장을 잘 헤아려 듣는다는 것은 쉬운 일이 아니다. 시대의 악에 맞서서 싸우는 데에는 분명 고결한 덕과 실천적 용기가 필요하다. 그렇지만 인간 이성의 한계 또한 분명히 인지해야 한다. 나만이 전적으로 옳다고 주장하다가 오히려 내가 전제적인 주장을 하여 시대의 악이 되지 말라는 법이 없다.

이때 필요한 게 용기와 겸손의 조화다. 볼테르의 태도가 그러했다. 그의 글에 의심과 비관주의가 자주 보이는 것이 이러한 태도 때문이다. 그는 찬성과 반대를 동시에 하기도 하고, 이전 주장과 모순되는 주장을 펼치기도 한다. 이러한 이중성을 두고 비판적인 사람은 '회색분자'라고 비난했지만, 정작 볼테르는 오히려 그와 같은 모순이야말로 자신의 위대함의 증거라고 주장했다. 인간사는 얼마나 복잡하고 미묘한가. 그것을 자신의 머릿속에서 떠오르는 개념만으로 단

칼에 해결하겠다고 나서는 것은 자칫 반反이성적 행태로 타락할 가능성이 있다. 이와 같은 생각이 잘 녹아 있는 작품이 《캉디드》다.

2

불행으로 가득한 세상

《캉디드》는 행복 추구에 대한 이야기다. 누구나 행복을 추구할 권리가 있다. 주인공을 비롯한 등장인물은 모두 자신의 행복을 찾아 분투하고 있다. 그렇지만 실제 이 책을 읽어 보면 이 세상이 얼마나 큰 재앙으로 덮여 있는지, 이런 세상에서 행복을 찾는 것이 얼마나 어렵고 힘든지를 말하는 듯하다.

볼테르의 밝은 성격을 잘 아는 사람들은 이 작품의 어두운 면을 보고 놀라워했다. 그러나 사실 그의 다른 많은 작품 또한 이 세상이 고통으로 가득하다는 점을 강조한다. 예컨대 이런 식이다. "지구는 똑같은 비극이 상이한 제목으로 공연되는 무대이다(《풍속론》 중)." 이러한 서술은 볼테르의 삶의 여정에 애달픈 일이 가득했기 때문일 것이다. 열 살에 어머니가 돌아가셨고, 첫사랑은 무참히 깨졌으며, 그가 사랑하던 연인인 샤틀레 부인의 죽음을 겪었다. 불합리한 사건, 불행한 일로 가득한 세상에서 그의 행복 찾기는 고통스러운 투쟁이며, 또 그 싸움에서 때로 패배하고 만다. 예컨대 1757년 영국의 존 빙John Byng 제독이 해전에서 후퇴했다는 얼토당토않은 죄로 잔혹한 처형을 당하게 되었을 때 볼테르는 전력을 다해 구명 운동을 펼쳤으나 끝내 그의 처형을 막지 못했다. 이 이야기는《캉디드》의 23장에 나온다.

《캉디드》는 무엇보다 세상의 고통에 대한 책이다. 이 책은 사지절단, 내장 꺼내기, 강간, 화형 등 끔찍한 참상으로 가득하다. 그것도 어느 한곳만이 아니라 세계 모든 대륙에서 그러하다. 무심한 듯, 오히려 유머러스하게 표현하는 반어적 스타일 때문에 독자가 둔감해져서 그렇지 곰곰이 생각해보면 그 하나하나가 차마 말로 다하기 힘든 고통이다. 볼테르가 그리는 이 세상은 한편의 지옥도를 연상시킨다. 볼테르는 이런 세상이 짧은 기간 안에 나아질 것 같지는 않다고 본다. 그러면 어떻게 해야 하는가? 이 험악한 세상에서 그나마 사람이 행복하게 살아가려면 어떻게 해야 하는가를 따져보는 것이 저자의 문제의식이다. 저자는 어린아이처럼 순진무구하고 세상 물정 모르는 한 청년을 주인공으로 세워 불행으로 가득한 세상에 던져 놓고 어떻게 참혹한 삶을 살아가는지, 어떻게 이 세상과 화해하는지를 추적한다.

이야기의 첫 무대는 베스트팔렌의 툰더텐트롱크Thunder ten Tronck 남작의 성이다. 이곳에는 이름 그대로 마음씨도 생김새도 온화한 청년 캉디드Candide(순진하다는 뜻), 그가 사모하는 남작의 딸 퀴네공드 양, 그리고 가정교사 팡글로스 박사가 산다. 이 성은 태초의 평화의 장소인 에덴동산의 비유다. 그러던 어느 날, 캉디드는 병풍 뒤에서 퀴네공드와 키스를 하다가 남작에게 들켜 내쫓긴다. 마치 아담과 이브가 서로를 알게 된 이후 에덴동산에서 쫓겨나듯 주인공은 세상으로 내쳐진다. 이제부터 캉디드를 기다리는 건 한없는 고통이다. 성에서 나온 후 그가 겪은 첫 번째 시련은 불가리아 군대에 징집되어 아바르족과 벌인 전투다.

한쪽에서는 전신에 총상을 입은 늙은이들이 목이 찔려 죽어가는 자기 아내의 모습을 멍하니 지켜보고 있었다. 피가 흐르는 그녀들의 젖꼭지에는 젖먹이 아이가 매달려 있었다. 또 다른 쪽에는 처녀들이 마지막 숨을 거두고 있었다. 몇몇 영웅이 자신의 자연적 욕망을 채우고 난 후, 그녀들의 배를 갈라버렸기 때문이다. 또 다른 이들은 불에 반쯤 그을린 채 제발 죽여달라고 울부짖고 있었다. 도처에 널려 있는 잘린 수족 사이로 깨진 머리가 뒹굴고 있었다.

이후 캉디드의 여정은 이와 유사한 참상의 연속이다. 폭풍우, 지진, 전염병, 이단재판, 고문, 화형 등을 겪거나 목도한다. 알고 보니 그가 사랑하는 퀴네공드 양과 팡글로스 박사 또한 성에서 나와 세상을 떠돌고 있다. 이들은 죽은 줄 알았는데 다시 살아나기도 하고, 우연히 만나고 헤어지는 일을 반복한다. 《캉디드》는 근대적 소설과는 거리가 멀며, 아마도 중세 성인전hagiography을 패러디하는 것 같다. 그래서 마치 성인이 끔찍한 고문을 당하면서도 기적적인 일을 벌이는 것과 유사한 방식으로 스토리가 전개된다.

여기에서 우리가 주목할 점이 있다. 주인공 캉디드를 비롯해 그와 동행하는 인물들이 단순히 선한 희생자만은 아니라는 점이다. 그들 역시 결국 이 세상의 악에 동참하게 된다. 퀴네공드는 간통을 하고, 캉디드는 살인을 범하며, 심지어는 퀴네공드의 오빠마저 살해한다. 이들은 더 이상 에덴 동산에서 순진무구하게 살아가던 사람들이 아니라 세상의 악에 물들어가는 중이다. 세상은 서로가 서로를 괴롭히는 난장판이다. 한 노파는 절절하게 이런 말을 한다. "만일 자기 인생을 이따금씩 저주해보지 않은 사람이 있다면, 또 자기가 이 세상에서 제일 불행한 사람이라고 생각해보지 않은 사람이 단 한 명이라도 있다면, 나를 바다에 거꾸로 처넣으세요."

캉디드가 이런 고난의 삶을 끝내 버틸 수 있었던 힘은 퀴네공드를 다시 만나겠다는 염원과 함께 팡글로스 박사에게서 배운 철학이다. 그 내용은 원인 없는 결과란 없으며, 우리의 세계는 가능한 모든 세계 중에서 최선의 세계라는 주장이다. 말은 그럴 듯하지만 사실 어이없는 논리다. 코는 안경을 얹기 위해 만들어졌고, 다리는 양말을 신기 위해 존재하며, 돼지는 우리에게 고기를 주기 위해 존재한다. 마찬가지로 우리가 겪는 고통도 다 그래야만 하는 어떤 이유가 있다. 말하자면 모든 것은 신의 뜻에 따라 이루어지는 최선의 결과이다. 이런 주장은 라이프니츠Gottfried Wilhelm Leibniz(1646~1716)의 우주론을 패러디한 것으로 알려져 있다. 이 책에서 라이

팡글로스 박사

"코는 안경을 얹기 위해 만들어졌고, 다리는 양말을 위해 존재하며,
돼지는 우리에게 고기를 주기위해 존재한다.
따라서 현재의 세계는 최선의 세계이다."

프니츠 철학은 팡글로스라는 우스꽝스러운 철학자 캐릭터
에 의해 과장된 방식으로 조롱받는다. 팡글로스라는 이름부
터 그러하다. 이것은 '모든pan-'과 '혀glos'의 합성어로 한마
디로 '엄청난 헛소리' 정도의 뜻이다.

실제 라이프니츠가 이렇게 웃기는 주장을 한 것은 결코
아니다. 라이프니츠는 수학, 공학, 지질학 등 여러 분야에서
탁월한 업적을 이룬 인류 역사상 보기 드문 천재 중 하나다.
그는 과학의 세계 내부에만 몰두한 게 아니라 독실한 기독
교도로서 신의 창조를 이해하기 위해 분투했다. 우리는 신
의 마음속으로 들어가 그가 창조한 세상의 영광스러운 상

태를 이해해야 한다는 것이 그의 생각이었다. '경건해지려면 신을 사랑해야 한다. 신을 알지 못하면서 신을 사랑할 수는 없다'는 것이다. 물론 우리가 신의 계획을 완전히 알 수는 없다. 왜 이 세상에 이런 고통이 있는지 우리로서는 알 수 없지만, 하나님에게는 더 큰 계획이 있을 터이니 신을 믿고 더 나은 세계가 되기를 희망하자는 것이 라이프니츠의 주장이다.

이 점에서 라이프니츠는 뉴턴과 다르다. 라이프니츠가 보기에 뉴턴은 우주가 '어떻게' 구성되어 작동하는지 서술만하지 '왜'는 설명하지 않는다. 반면 뉴턴으로서는 신이 이 세계를 어떤 특정한 방식으로 만들었는지 이해하면 되지 그 이유까지 설명할 필요는 없다고 본다. 볼테르도 뉴턴과 같은 입장이었다. 정확한 관찰을 통해 실질적인 용도에 도움을 주는 것이 과학의 가치이지 모든 근본적 질문에 답을 준다면서 신학적 의미를 억지로 끼워 맞추는 것은 불필요하다고 보았다.

볼테르의 사고에 큰 영향을 미친 사건 중 하나가 1755년의 리스본 지진이다. 어느 날 들이닥친 지진과 지진해일(쓰나미)로 인해 한 도시가 완전히 파괴되고 수만 명이 사망했다. 왜 그 많은 사람이 아무 이유 없이 죽어야 하는가? 이것이 정말로 최선의 세계이며 하나님의 뜻인가? 이런 상황에서 이 세상의 고통에는 다 이유가 있다고 말하는 건 부당하다. 모든 일에 신을 찾기보다 차라리 인간 스스로 세상의 악을 제거해나가려 노력하는 것이 중요하지 않겠는가. 이를 두고 라이프니츠는 인간보다 신을 더 사랑하지만, 볼테르는 신보다 인간을 더 사랑했다고 표현하기도 한다.

그렇다고 볼테르가 신을 안 믿는 무신론자라는 의미는 아니다. 그의 주장을 이신론理神論, deism이라 칭한다. 하나님이 있다고 해도 그 신은 우주를 조화롭게 주재하고 있을 뿐이지, 말 안 듣는 사람을 혼내주고 열심히 기도하는 학생에게 중간고사 성적을 올려주는 식의 조잡한 신앙의 대상이 아니다. 쉽게 말해 볼테르가 생각하는 신은 이성적인 신이다. 이 세상의 불행에 대해 모두 신의 뜻이라며 방관할 것이 아니라 이 세상을 개선해야 한다. 신이 이 세상을 창조했다고 하지만 그래도 조금 더 낫게 개선할 수 있지 않겠는가. 그런 노력을 하지 않은 채 우리가 형이상학적 이론에 몰두하고 있노라면 현실에 영향을 끼칠 기회를 놓친다.《캉디드》에 나오는 부정적인 인물은 이론에 몰두하는 동안 행동하지 못하고 결론도 못 내리는 사람이다. "그가 논리적 추론을 하는 동안 배는 두 동강이 났습니다" 하는 식이다.

3
엘도라도

온 세계를 편력하던 캉디드의 발길은 마침내 남아메리카에 이른다. 이곳에서 그는 두 여자가 원숭이에 쫓기는 모습을 목격하고 도와주고자 권총으로 원숭이를 죽였는데, 여인들은 원숭이를 껴안고 울음을 터뜨린다. 알고 보니 원숭이와 여인들은 애인 관계로서 장난 치고 놀고 있었던 것이다. 오레용이라 불리는 이 원숭이는 4분의 1은 에스파냐 사람이며, 인간과 동물 사이 혼종이었다. 이 사건으로 캉디드 일행은 오레용족에게 잡혀 가마솥의 끓는 물속에서 죽을 위험에 빠졌다가 가까스로 목숨을 구한다.

　이 얼토당토않은 '원숭이-인간'은 무엇을 말하는 것일까? 당시 유럽에서는 문명의 사악함을 비판하고 원래의 자연 상태를 찬미하는 철학이 인기였다. 아메리카나 태평양 섬나라에 사는 원주민이 문명에 물들지 않은 순박하고도 선한 삶을 산다고 믿어 이들을 '선한 야만인bon sauvage'이라고 칭했다. 사실 이런 것은 유럽인이 머릿속으로 상상한 것에 불과했다. 볼테르는 원숭이와 비슷한 존재를 그리며 선한 야만인을 비꼬고 비판한 것이다.

원숭이 나라라는 '가짜 이상향'을 경험한 후 주인공 일행은 이 작품에 나오는 유일하게 행복한 나라인 엘도라도로 들어간다. 볼테르는 모어나 베이컨처럼 이상향을 직접 설계하지 않고, 다만 어떤 상태가 이상적인지 제시하는 정도로 그친다. 엘도라도는 사방이 산으로 둘러싸인 고립된 지역이다. 캉디드 일행은 배를 타고 동굴을 지나 급류를 타고 가다가 다시 산길을 걸어서 이 나라로 들어간다. 길거리에는 비단옷을 입은 아이들이 보석을 가지고 놀고 있다. 자세히 보니 엄청나게 큰 금덩어리, 에메랄드, 루비 등이 길거리에 뒹굴고 있다. 도로에는 수많은 수레가 다니고, 집은 모두 유럽의 성만큼 크다. 이들이 여관에서 좋은 음식과 술을 대접받은 후 주운 금덩어리를 내놓자 사람들이 웃음을 터뜨린다. 이곳에서 금과 보석은 아무런 가치가 없고, 화폐 같은 것은 존재하지 않는다. 이 나라는 풍요의 나라이며, 장수의 나라다(대화 상대자인 노인은 172세다).

캉디드 일행은 노인에게 이 나라의 종교에 관해 질문한다. 돌아온 답은 신을 믿지만 기도하지 않는다는 것이다. 신이 우리에게 모든 것을 다 주셔서 신께 간구할 것이 하나도 없으니, 그냥 감사드릴 뿐이며, 따라서 성직자도 없다는 것이다. 캉디드의 반응이 놀랍다.

이곳에는 성직자가 없단 말입니까? 가르치고 논쟁하고 통치하고 음모를 꾸미고 자기네와 의견이 다른 사람을 불태워 죽이는 그런 사람이 없단 말입니까?

이신론을 설명하는 이 부분은 유럽의 가혹한 종교재판소와 대비된다.

이 나라에는 재판소와 고등법원, 감옥은 없고 대신 과학 아카데미가 있다. 600미터나 되는 긴 방에 수학과 물리학 실험 기구가 가득 차 있는 모습을 보고 캉디드 일행은 기뻐한다. 베이컨이 그린 《새로운 아틀란티스》의 솔로몬 학술원처럼 엘도라도 역시 과학이 대접 받는 나라다. 이곳에서는 어린이의 맑은 정신이 지배하고, 이성과 과학이 존중받는다. 대충 이 정도가 이상 국가에 대한 설명이다. 이 나라가 구체적으로 어떻게 돌아가는지는 잘 알 수 없다. 현명한 노인과 정치 문제 등에 대해 '유창하게 대화를 나눴다'는 식으로 간단히 거론한 내용으로 유추해보면 이른바 계몽전제주의에 가깝지만 국가 제도에 대해서는 별다른 설명이 없다.

왜 이상 국가에 대한 치밀한 계획이 없을까? 이상 국가를 그리는 게 볼테르의 목표가 아니기 때문이다. 어쩌면 거창한 국가 제도를 만든다는 게 인간 이성의 한계 때문에 불가능하다고 판단했을 것이다. 엘도라도는 그저 완벽한 국가, 사람이 행복하게 사는 곳이라고 서술만 할 뿐이다. 그가 염두에 둔 것은 현실 세계를 완전히 버리고 가상의 세계로 가는 게 아니라 이 세상을 개선하는 데 있다. 주인공 일행이 엘도라도에서 머물지 않고 떠나는 것도 이런 맥락에서 이해할 수 있다.

대부분의 유토피아주의 작품에서 주인공은 행복의 나라에 머물지 않고 떠난다. 그래야만 그곳 소식을 세상 사람들에게 전달할 수 있기 때문이다. 다만 《캉디드》에서는 엘도라도를 떠나는 이유가 더 명료하게 제시되어 있으니, 바로 퀴네공드를 만나야 하기 때문이다. 캉디드 일행이 떠나려 하자 과학과 기술의 나라답게 왕은 이들을 위해 이동하는 데 편리한, 놀라운 기계를 하나 만들어준다. 이제 캉디드는 가상의 세계 탐사를 마치고 다시 현실 세계로 돌아온다.

이 책에서 엘도라도가 등장하는 부분이 작품의 중간에 위치한다는 점을 주목해볼 필요가 있다. 말하자면 엘도라도 방문이 작품의 전환점이다. 그곳에서 나오자마자 다시 고통으로 가득한 현실이 펼쳐진다. 제일 먼저 방문한 플랜테이션(노예제 농장)에서는 도망가다 잡힌 노예의 손목을 자르고 있다. 그런데 엘도라도의 경험이 사고의 전환을 가져온 것일까. 이제 고통스러운 현실 세계를 바라보는 캉디드의 인식이 바뀐 것을 알 수 있다. 그는 이렇게 말한다. "정말이지 이제 선생님의 낙관주의를 포기할 수밖에 없어요." 낙관주의가 대체 뭐냐고 묻자 이렇게 답한다. "그건 나쁜데도 불구하고 좋다고 마구잡이로 우기는 거야." 캉디드는 더 이상 순진한 청년이 아니다. 세상이 어떻게 돌아가는지 눈을 뜨고 보게 된 것이다. 그의 성격도 변했다. 사기를 당하자 울화가 치밀어 우울증에 빠지고, 인간의 사악함과 추악함에 절망한다. 캉디드는 유아적 사고가 아니라 성숙한 시각으로 세계를 있는 그대로 보기 시작한다. 이 점은 일행이 유럽으로 돌아가는 도중에 나눈 대화에서도 알 수 있다.

지금 인간은 도처에서 서로를 학살하고 있어요. 그런데 그건 원래 그런 건가요? 인간은 예전부터 늘 서로를 학살해왔나요? 인간이란 원래 거짓말하고 사기 치고 배신을 밥 먹듯 하고 배은망덕에다가 도둑질을 일삼고, 게다가 약하고 변덕스럽고 비겁하고 샘내고 게걸스럽고 술주정하고 인색하며, 또 야망에 불타고 피에 굶주리고 서로 모함하고 방탕하고 광신자에다 위선자이며 어리석기까지 한 것인가요?

이렇게 생각해보자. 매는 비둘기를 보면 항상 잡아먹는다. 100년 전이나 지금이나 매의 본성은 변하지 않았다. 인간이라고 다르겠는가. 인간의 저급한 성정은 쉽게 변하지 않는다. 세상의 고통이 곧 없어질 것 같지 않은 이유이다. 실제로 유럽에 다시 도착하여 그들이 목격한 것은 전쟁, 학살, 어리석은 관습 등이다.

이 모든 과정을 거친 후 주인공 일행이 모두 한곳에 모인다. 그런데 캉디드가 그토록 다시 만나기를 고대하던 퀴네 공드는 추녀가 되어 있었다. 그녀의 변한 모습을 보고 소름이 끼쳐 뒤로 세 발짝 물러설 정도지만, 결국 결혼해서 농가에서 함께 살아간다. 어쩌겠는가, 우리는 받아들일 건 받아들이고 자기 나름대로 살 방법을 찾아야 한다. 자식과 함께 농사지으며 살아가는 인근의 한 노인이 모범적인 말을 한다. "일은 권태, 방탕, 궁핍이라는 3대 악으로부터 우리를 지켜준다"는 것이다. 팡글로스가 다시 장광설을 늘어놓으려 하자 캉디드는 그의 말을 끊고 말한다. "이제 우리의 밭을 갈아야 합니다." 그러자 팡글로스가 답한다. "자네 말이 맞아. 왜냐하면 태초에 인간이 에덴동산에 태어난 것은 일을 하기 위해서였으니까." 이제 팡글로스도 속으로는 자신의 철학이 잘못이라는 것을 인정한 셈이다. 과연 그들이 열심히 일하자 소출이 늘었다. 어디 그뿐인가, 말할 수 없이 추해지고 성격도 안 좋은 퀴네공드도 최소한 빵과 케이크를 잘 만드는 재주가 있었다. 이렇게 인간은 서로 위로를 주고받으며 행복을 가꾸어갈 수 있다.

이 작품은 원래 에덴동산의 은유에서 시작했다. 툰더텐트롱크 성은 팡글로스 박사 같은 순진한 사람이 믿는 거짓 에덴동산이다. 그런 추상적인 이상향은 원래 존재하지 않는다. 반면 마지막에 도달한 곳은 실제적인 현세의 에덴동산이다. 유럽과 아시아의 경계에 위치해 있다는 지리적 설명은 곧 이 농장이 또 다른 형태의 '어디에도 없는 곳'임을 말한다. 이곳은 우리가 통상 말하는 의미의 이상향은 아니다. 그러나 어쨌든 이곳에서 주인공 일행은 행복을 찾는다. 이곳은 분명 접근 가능하고, 실현 가능한 상태다.

그렇다면 중간에 방문했던 엘도라도의 의미는 무엇일까? 기준이 될 수 있지만 실제로는 도달할 수 없으니 그런 점에서 무의미한 곳이다. 주인공의 말대로 "엘도라도는 완벽해. 존재하지 않는다는 점만 빼고는". 볼테르는 이보다는 '실제적인 유토피아'를 그린다. 야망을 한 단계 내린 것이다. 완벽한 최선의 세계는 아니지만 어쨌든 개선이 가능한 곳이다. 엘도라도는 어쩌면 반유토피아anti-utopia가 아닐까. 그런 점에서 볼테르는 유토피아를 부정하는 매우 특이한 유토피아 소설을 썼다고 할 수 있다.

《캉디드》는 그 시대 최고의 베스트셀러 소설로서, 당시에는 너무 급진적이고 너무 무엄하다는 평가를 받으며 전 유럽에 엄청난 충격을 주었다. 그렇지만 현재 읽으면 그런 느낌을 받지 않는다. 오히려 너무 미온적인 답을 내놓아서 결론이 다소 싱거워 보일 수도 있다. 이 책의 논리에 따르면 유토피아는 따로 있는 게 아니다. '현재 바로 이곳'이 우리가 살아가야 하는 곳일진대, 아득히 먼 어떤 곳에 공허한 이상향을 그리기보다는 어떻게든 이곳을 개선하는 데 집중해야 마땅하다고 말한다. 에덴동산처럼 모든 것이 저절로 해결되는 곳은 애초에 없으니, 우리는 밭을 가는 노력을 기울여야 한다. 다시 말해 공허한 공리공론에 그칠 것이 아니라 구체적으로 실천해나가는 것이 중요하다.

이처럼 주장이 온건하다고 해서 큰 울림이 없는 게 결코 아니다. 볼테르는 프랑스혁명(1789~1799)을 배태한 중요한 사상가 중 하나로 꼽힌다. 언제까지나 부조리한 사회를 참고 용인할 게 아니라 오늘 당장 고쳐나가고 개선해야 한다는 볼테르의 주장은 실로 거대한 변혁을 일으키는 첫걸음이 되었다.

사회주의 낙원은 어디에:
벨러미와 모리스

19세기 후반 산업혁명과 함께 인류 역사는 새로운 단계로 진입했다. 증기기관과 철강이 등장하면서 농업사회는 공업사회로 이행해갔다. 그 결과 엄청난 부를 생산했지만, 동시에 엄청난 부작용에 시달렸다. 부자는 갈수록 더 부자가 되는 반면 서민은 더 비참한 생활로 내몰리는 부익부 빈익빈 현상이 극심해졌다. 최소 비용으로 최대 이윤을 얻으려는 자본가는 노동자를 공장에 집중시키고 적은 임금만 주며 최대한 착취하려 했다. 기계의 등장은 인간의 일을 덜어준 게 아니라 오히려 사람이 기계에 맞춰 더 혹독하게 일하도록 만들었다. 고된 노동에 시달리는 노동자는 도시의 불결한 환경에서 힘겹게 살아간다. 새 시대는 새로운 지옥을 가져왔고, 새로운 천국의 꿈을 필요로 하게 된 것이다. 산업화 시대에 걸맞은 이상 사회에 대한 전망이 절실해졌다.

이상 국가는 누가, 어떻게 만드는가? 지난날처럼 신의 뜻이 구현된 도시국가의 건설이라든지 지식인의 이성적 성찰 혹은 자본가의 박애주의에 의존하는 방식은 환영받지 못했다. 가장 심한 압박을 받는 노동계급 자신이 혁명을 통해 스스로 만들어야 한다. 이 시대의 작가들은 자본주의 체제의 종말 이후 미래 세대가 맞이할 찬란한 사회주의 이상 사회를 그렸다. 물론 어느 누구도 미래를 정확히 예측할 수는 없으니 작가마다 색다른 상상의 세계를 선보였다. 그중 특히 흥미롭고 영향력이 큰 작가가 벨러미 Edward Bellamy(1850~1898)와 모리스 William Morris(1834~1896)다. 이들이 그리는 미래 사회와 거기에 이르는 길은 극단적으로 대조적이다. 과연 산업자본주의 사회 지식인이 애타게 고대했던 이상향은 어떤 모습이었는지 두 작품을 비교하면서 읽어보도록 하자.

벨러미의 《뒤를 돌아보며》

19세기 후반의 유토피아주의 작가 중 가장 큰 논란의 대상이 된 인물이 에드워드 벨러미이다. 벨러미는 미국 동부 지역에서 대대로 개신교 목사를 지낸 집안 출신으로서 기자 생활을 하다가 작가로 전환했다. 그는 미국 사회에 이기주의가 만연해 있으며, 그 이유는 자본주의경제의 발전으로 부가 편중되기 때문이라고 판단했다. 경제적 평등이 이루어지고 사회적 연대가 확대되어 경쟁 없는 사회를 만들 수는 없을까? 1888년에 쓴 《뒤를 돌아보며Looking Backward, 2000~1887》는 바로 그런 이상이 실현된 미래 사회를 그린 작품이다.

작가 자신조차 이 책이 그토록 엄청난 성공을 거두리라고는 예상하지 못했다. 출판 첫해에 이미 6만 부, 제2차 세계 대전까지 모두 수백만 부가 팔렸으며, 미국뿐 아니라 유럽 각국을 비롯해 오스트레일리아, 인도네시아, 남아프리카 등 세계 각지에서 논쟁을 불러일으켰다. 이전 유토피아주의 작품과 다른 점은 이 책에 제시된 아이디어를 실제로 구현하자는 움직임이 일어났다는 것이다. 유토피아주의 작품에 그려진 허구를 있는 그대로 믿고 그와 똑같은 사회를 건설하겠다는 것은 애초에 가능성이 없는 일이다. 그런데 유독 이 책의 기획은 정확하고 합리적이고 실현 가능해 보였다. 벨러미의 아이디어를 그대로 실현해보겠다는 이른바 벨러미주의자Bellamyite들이 결성한 내셔널리스트 클럽Nationalist Club이 적어도 165개 생겨날 정도였다. 이 책에서 그리는 미래 사회가 하도 그럴 듯해서 실제로 이런 세상을 만들어보자는 주장인데, 유토피아주의 작품 중 이런 호응을 받은 경우는 거의 없었다. 도대체 무슨 내용이길래 이런 반응이 나왔을까?

주인공은 19세기 말 미국 매사추세츠주 보스턴에 사는 줄리언 웨스트Julian West다. 그는 에디스Edith와 결혼을 앞두고 신혼 생활을 보낼 집을 개축하려 하지만, 노동자의 파업 때문에 완공이 늦춰진다. 스트레스 때문에 불면증에 시달리던 그는 지하실에서 최면술을 이용한 특별 요법을 받으며 잠을 자곤 했다. 이 지하실은 완벽하게 차단되어 있어서 바깥에서는 이런 공간이 있는지도 잘 모르는 곳이다. 어느 날, 주인공이 지하실에서 깊은 잠에 들었다가 깨어나 보니 무려 113년이 지난 서기 2000년이다. 그가 잠든 사이 집에 불이 났는데, 사람들이 그를 찾지 못하자 화재 때문에 죽었다고 믿고 더 이상 찾지 않았던 것이다.

100년이 지나고 나서야 우연히 리트 박사Doctor Leete가 웨스트를 찾아내 잠에서 깨우고, 이제 19세기에 살던 주인공은 21세기 미래 사회를 보게 된다. 놀랍게도 미국은 사회주의 천국으로 변화해 있었다. 주인공은 현실에서 고대하던 자신의 열망이 실현된 미래 사회의 삶을 직접 경험해보게 된다. 스토리를 진행시키는 요소로 사랑 이야기가 빠질 수 없다. 웨스트는 리트 박사의 딸과 사랑에 빠지는데 알고 보니 이 딸은 원래 자신의 약혼녀였던 19세기의 에디스의 증손녀이며, 마침 이름도 똑같이 에디스Edith Leete다. 두 사람의 결혼은 과거와 미래가 연결되는 상징이다.

많은 유토피아주의 작품은 '이곳'을 떠난 어떤 '먼 곳'을 배경으로 하는데, 이 소설 속 허구의 세계는 '현재'가 아닌 어떤 '먼 시기'를 배경으로 한다. 즉, 지리적 여행이 아니라 시간 여행을 한다. 실제로 존재하지 않는 곳을 뜻하는 '유토피아'라는 말에 상응하여 '실제로 존재하지 않는 시기의 나라'라는 의미로 유크로니아uchronia라는 말을 사용하기도 한다(u-'없는', chroni-'시기', a-'나라'). 전례가 없지는 않으나 대체로 19세기 후반에 시간 여행을 하는 소설이 많이 등장했다. 특히 사회주의 유토피아주의자들이 자신들이 그리는 이상적인 사회가 먼 미래에 이루어지리라 기대하고 그런 사회를 방문하는 식의 소설을 많이 썼다. 이런 구성은 자신의 아이디어가 실현되면 구체적으로 어떤 상태가 될지 보여준다는 장점이 있다. 서기 2000년의 미래 사회는 드디어 계급 문제가 다 해소되어 행복한 사회를 달성한 것으로 그려진다. 과연 어떤 과정을 통해 그렇게 되었을까?

벨러미의 상상 속에 그 과정은 자본주의 발전의 필연적 결과다. 자본주의 사회에서 무한 경쟁이 계속 가열되면 자본가 중 누구는 승리하고 누구는 패배하게 되어 갈수록 소수의 대자본가만 남는다. 이들 사이에도 경쟁이 계속된다면 어떻게 되는가? 카네기와 록펠러 같은 대재벌도 무너지는 극한의 경쟁 속에서 갈수록 소수의 자본가만 남다가 급기야 단 하나만 살아남아 나머지 모든 것을 다 흡수한 최후의 독점이 된다. 이렇게 남은 유일 자본은 스스로 국가가 되었다. 하나의 국가, 하나의 자본, 하나의 고용주가 온 세상을 다 장악한 것이다. 원래 벨러미는 이런 과정이 완수되는 시기를 서기 3000년으로 상정했다고 한다. 처음에는 1000년 세월이 지나야 그런 일이 이루어지리라고 생각했는데, 당시 사정을 보니 독과점 현상이 어찌나 빠르게 진행되는지, 생각을 바꿔서 멀지 않은 시기인 20세기 말에 그런 과정이 완수될 것으로 그렸다.

벨러미가 상상한 과정은 '혁명revolution'이 아니라 '진화evolution'다. 폭력적인 전복 사태가 없다는 의미다. 체제를 뒤집어서 새로운 결과를 얻는 게 아니라 현재 진행 중인 움직임 자체가 계속 심화된 결과 최종적으로 완전히 다른 세계를 가져온다는 것이다. 그가 그린 미래 사회의 최종 상태는 바꿔 말하면 국가자본주의이며 초超제국주의다. 다른 사상가라면 이런 체제를 지옥과 같은 상태로 그릴 것이다. 사악한 자본가가 완전히 세상을 지배하여 최악으로 착취하고, 국가는 자본가의 이해만 보호하는 암흑 세상이 되지 않겠는가. 그런데 벨러미는 완전히 생각을 바꿔 최종 독점 단계가 오히려 이상적인 사회로 귀결되리라고 보았다. 경쟁이 인간 사회를 피폐하게 했는데, 마지막 단계에 이르니 역설적으로 더 이상 경쟁이 없어져서 거꾸로 사회적 연대가 강화된다. 그러는 동안 극도로 발전한 과학기술의 힘으로 얻은 물질적 풍요는 경쟁 기업의 이윤이 아니라 모든 사람이 누리는 혜택으로 돌아간다. 세상에 이런 일이!

산업은 완전히 국유화되었다. 모든 사람은 유일 국가-자본에 고용되는데, 옛날처럼 장시간 노동에 시달리는 게 아니라 짧은 시간만 일하면 충분하다. 벨러미는 미래 기술을 자세히 설명하지 않지만 의당 과학기술의 엄청난 발전으로 생산성이 높아져서 긴 시간 일하지 않아도 모두가 풍족한 생활을 누릴 수 있으리라고 보았다. 주목할 점은 노동 조직을 군대처럼 운영한다는 것이다. 이름도 산업군産業軍, industrial army이다. 모든 사람은 21세부터 산업군에 들어가 24세까지 일을 배우면서 자신에 맞는 일을 탐색하다가 취향에 맞는 직업을 최종 결정한 후 45세까지 근무한다. 어떤 일도 다른 일과 비교해 열등하거나 창피한 것이 아니며, 임금은 다 같다. 다만 사람들이 꺼리는 힘들거나 위험한 일을 하면 노동시간을 줄여주어 보상한다. 그는 왜 군대라는 개념을 썼을까? 인간 노예화에 대해 전쟁을 벌여 승리하리라는 의미였다. 하지만 군대 방식이 생각대로 잘 되리라고 단정할 수는 없어 보인다. 말로는 각자 원하는 일을 맡아서 한다고 하지만, 실제로는 중앙 조직이 임무를 지시하는 상황이 벌어질 가능성이 매우 높아 보인다.

생산은 수요에 맞춰 이루어진다. 즉, 완벽한 계획경제를 상정하고 있다. 국가가 생산과 배급의 담당자로서 국민이 필요로 하는 물품을 충분히 공급한다. 완벽하게 평등한 사회에서 시민 모두 똑같은 구매력을 가지고 있으니 부유층을 겨냥한 생산 같은 건 불가능하다. 이론적으로는 국민의 필요를 정확하게 계산해서 적당량을 생산하므로 자본주의적 낭비가 사라질 것이다. 식사는 공공 식당에서 할 수 있고, 그 외의 모든 재화는 공평하게 분배된다.

구체적으로 어떻게 상품 분배가 이루어진다는 걸까? 자세한 과정은 생략되었지만, 오늘날 인터넷으로 필요한 물품을 신청하면 가까운 배급소에 전달되는 방식과 비슷해 보인다. 이 외의 매매 활동은 반사회적 행위로 치부된다. 이웃을 희생시키며 혼자 부자가 되려는 일이기 때문이다. 결과적으로 상업이나 화폐는 사라졌다. 화폐를 대체하는 것은 '크레딧 카드'다. 모든 시민은 먼저 똑같은 크레딧을 받고, 이것으로 자신이 받는 상품을 결제한다고 하니, 요즘 용어로는 차라리 체크카드에 가깝다. 이런 상황이니 과도한 낭비도 없고 과시용 소비도 없어질 테고, 노후를 대비해 죽어라고 일하며 저축할 필요도 없다. 국가가 요람에서 무덤까지 책임지기 때문이다. 평생 힘들게 모은 재산을 아들딸에게 물려주는 일이 아무런 의미가 없어지므로 유산 상속도 사실상 없어진다.

경제문제와 함께 정치문제도 유사하게 해결되었다. 국가는 산업군을 통제하는 본부에 해당하며, 45세를 넘긴 명예군인의 선발 과정을 통해 구성한다. 우리에게 익숙한 일반적인 정부의 통치는 필요 없어졌다. 비참한 가난이 사라지자 악덕과 부도덕도 사라진다. 돈을 빼앗으려는 절도와 강도가 없을 테니 범죄도 거의 사라지고, 따라서 교도소도 극소수의 범죄자 혹은 정신병자를 가두는 용도로만 일부 남아 있다.

이 작품에서 여성에게 물질적 독립과 자유를 보장했다는 점도 특별한 의미를 띤다. 가사에만 몰두하는 여성도 다른 노동자와 똑같은 몫을 받으므로 생존을 위해 억지로 결혼할 필요가 없다. 병자와 불구자도 마찬가지다. 노동에 대한 대가가 아니라 마땅히 보호받아야 할 인간의 권리로서 수혜를 입는다는 의미인데, 이것은 다른 작가에게서 볼 수 없는 진일보한 측면이다. 경제뿐 아니라 문화 부문에서도 국가가 주도적으로 서비스를 제공한다. 예컨대 19세기에는 부와 교양을 갖춘 부르주아만이 고급 음악회에 갔지만 21세기에는 모든 사람이 음악을 즐길 수 있다. 음악회 실황을 '유선 전화cable telephone'로 송신하여 집에서도 그대로 들을 수 있기 때문이다. 당시에 이런 생각을 하다니 실로 놀라운 상상력이라 하지 않을 수 없다.

자본주의 체제 자체의 법칙에 따라 필연적으로 이상 사회가 찾아온다고 본 점에서 벨러미의 사고는 역사적 결정주의를 따르고 있다. 역사 발전 과정은 미리 정해져 있고, 필연적으로 목표 지점을 향해 나아간다. 이것이 다른 많은 작가의 비판을 받는 부분이다. 다른 사람은 사악한 자본주의 체제를 끝장내고 행복한 사회를 건설하기 위해서는 격렬한 투쟁이 필요하다고 보았다. 따라서 혁명적인 변화를 겪지 않고 다만 조용히 참고 기다리면 된다는 벨러미의 이야기는 사기와 다름없다고 비난했다. 다음에 소개할 윌리엄 모리스도 이런 식으로 벨러미를 비난했다.

벨러미든 모리스든 그들이 지어낸 허구를 놓고 그중 어떤 것이 더 맞는지 따지는 건 별 의미가 없다. 다만 왜 벨러미가 그런 허구를 지어냈는지 이해해볼 필요가 있다. 19세기 당시 노동계급의 투쟁은 중산층 사람에게는 이른바 넌더리가 나는 일이었다. 당시 노동자의 참담한 상황을 보고 이들에게 동정하던 사람도 파업과 봉기가 지속되면 결국 불편함을 넘어 공포와 혐오에 빠지게 마련이다. 중산층은 노동계급의 처우가 개선되기를 바라지만 그렇다고 혁명 운동에 동조하지는 않았다. 사실 노동계급 자신도 자본주의 체제를 근본적으로 파괴하고 새로운 체제를 만들어낸다는 계획에 확신을 가질 수는 없었다.

이런 상황에서 중간의 길이 주목을 받기에 이른 것이다. 벨러미가 제시한 길은 생산수단을 국유화하는 점에서 사회주의자와 목표를 공유하지만, 파괴적 혁명을 피하고도 결국 모든 사람이 행복하게 살 수 있다는 이야기는 주의를 막론하고 얼마나 매력적인가. 더 나아가 당시 사회주의자는 지나치게 경제문제에만 몰두할 뿐, 진정 인간이 행복한 사회가 되려면 어떠해야 하는지에 대한 고려가 적고, 지적·미학적·윤리적 요소를 무시하고 무책임하게 계급 갈등만 부추긴다는 것이 벨러미의 판단이었다.

《뒤를 돌아보며》는 찬탄과 비판을 동시에 불러왔다. 이 책의 장점은 추상적 차원에 머무는 게 아니라 현실에 대한 고려에서 출발했다는 점이다. 관용적인 태도로 모든 사람에게 평등을 보장하려 한 점, 노동이 상품처럼 취급되지 않고 공공 서비스로 승격된 점, 여성과 장애인 등에 대한 고려가 진일보했다는 점도 눈여겨볼 만하다. 철학자 존 듀이John Dewey(1859~1952), 경제학자 소스타인 베블런Thorstein Bunde Veblen(1857~1929), 여성주의 작가 샬럿 길먼Charlotte Perkins Gilman(1860~1935)[1] 등 많은 지식인이 이 작품을 긍정적으로 보았다.

물론 반대 논리도 만만치 않다. 계획경제가 과연 작동할 것인가, 차라리 시장에 맡기는 게 더 합리적인 자원 및 소득 배분을 가져오지 않을까 하는 근본적인 문제제기가 가능하다(20세기 이후 사회주의국가가 겪는 고질적 경제문제를 보라). 사회주

---

1   길먼은 여성주의 유토피아 작가로 유명하다. 대표적인 작품으로 《여자들만의 나라》가 있다. 《누런 벽지》와 함께 읽어보길 권한다.

의 내부에서도 반대 의견이 많았다. 투쟁과 혁명 없이 새로운 사회 건설이 가능하리라는 허위적인 논리로 먼 미래의 꿈같은 사회를 그리는 것은 부르주아의 가식에 불과하다. 벨러미의 구상은 프롤레타리아와 관련 없고, 미국 문화에서 나온 '베일로 가린 부르주아 자유주의'라는 것이다. 다음에 살펴볼 작가 윌리엄 모리스는 이 작품을 두고 '중산층 응석받이cockney 사회주의'라고 깎아내렸다.

사실 이런 해석이 과히 틀리지 않아 보인다. 이 책에서 말하는 중간 경로는 그야말로 중간층의 온건한 요구를 반영하고 있다. 45세에 은퇴하고도 충분히 풍족한 삶과, 가정의 안정을 누릴 수 있다고 하지 않는가. 그런데 흥미롭게도 미국 중산층 작가가 그린 이 프로그램과 가장 유사했던 것은 오히려 소련의 스탈린 체제였다. 국가기구가 군사적 방식으로 강력하게 통제하는 계획경제라는 점에서 그렇다. 하지만 그 체제는 결코 행복한 사회를 이루지 못했고, 정반대로 지극히 억압적인 전제주의로 귀결되고 말았다.

말할 필요도 없이, 우리가 살고 있는 이 시대에 미국이 사회주의 천국으로 변하지는 않았다. 그렇다고 왜 예측이 틀렸냐고 따지는 것은 온당한 비판이 아니다. 유토피아를 상상하는 작가가 점쟁이는 아니기 때문이다. 그보다는 작가의 전망이 우리에게 어떤 점을 일깨워주느냐가 중요하다.

2
윌리엄 모리스의 또 다른 시각

윌리엄 모리스는 1834년 영국의 부유한 부르주아 집안에서 태어났다. 장래 사회주의 투쟁가의 어린 시절 환경은 고상하기 짝이 없다. 집안 농장에서 재배한 작물로 빵과 맥주를 자가 생산했고, 자기 집에서 나는 우유로 버터를 만들었다. 주변 산야를 다니며 사냥과 낚시도 즐겼다. 그가 평생 추구한 자연에 대한 사랑 그리고 이에 근거한 이상향의 계획안은 이와 같은 어릴 적 경험에서 나온 것이다. 그는 옥스퍼드 대학에 들어가기 전에는 목사가 되려고 했으나 타고난 예술적 성향으로 인해 길을 바꾸게 되었다. 대학에서 그에게 큰 영감을 준 인물은 미학자 존 러스킨John Ruskin(1819~1900)이었다. 예술·노동·삶을 최대한 통합하라는 러스킨의 가르침은 모리스가 평생 간직한 철학으로 발전했다. 그는 곧 중세 예술에 심취하여 건축가, 시인, 화가, 공예가工藝家의 길을 걸었다. 지금도 영국에는 그가 남긴 아름다운 디자인 작품을 많이 찾아볼 수 있다.

대체로 1870년경부터 그는 사회운동과 정치에 관심을 두게 되었다. 이때 존 스튜어트 밀John Stuart Mill(1806~1873)의 영향으로 사회주의에 눈을 떴다. 다른 운동가와 모리스의 차이는 그에게 여전히 미학적 고려가 매우 중요했다는 점이다. 예술가와 정치활동가라는 서로 어울리지 않아 보이는 두 성격의 공존이 모리스의 가장 큰 특징이다. 그는 재산은 많으나 예술적 교양이 없는 부르주아를 경멸했고, 이들이 지배하는 산업자본주의 사회의 추함에 대해 저항했다. 자본주의는 물질적 비참을 초래하는 동시에 예술 파괴적이다. 노동계급은 가난하게 살 뿐 아니라 추하게 산다는 데에 문제가 있다. 그는 노동계급에게 풍요와 동시에 삶의 모든 면에 '아름다움'을 되찾아주고자 했다. 그에게 정치와 예술은 불가분하게 연결되어 있었다.

그는 영국 사회주의 선구자 중 한 명으로서 1885년 사회주의동맹을 결성했다. 그가 직접 간여한 사회운동 중 하나는 1887년의 이른바 '피의 일요일Bloody Sunday' 사태다. 실업 문제와 아일랜드 탄압 문제에 항의하기 위해 시민 수만 명이 런던의 트래펄가 광장에서 시위에 나섰다. 당국은 군대와 경찰을 동원하여 무자비하게 진압했다. 이 사건이 모리스에게 깊은 영향을 끼쳤고, 그 내용은 그의 저서 《에코토피아 뉴스》[2]에 기록되어 있다.

모리스는 폭력을 통한 자본주의 체제의 전복이라는 해결책에 공감한다. 이 점에서 모리스는 벨러미에 반대했다. 벨러미는 자본주의 체제가 더욱 강화되면 결과적으로는 경쟁이 사라져서 해방이 찾아올 것이며, 국가가 모든 사람의 복리를 책임지게 된다고 주장했다. 이에 대해 모리스는 혁명운동 없이 진보는 불가능하며, 국가가 지배하는 체제는 계속 노동계급을 탄압하리라고 보았다. 1889년에 벨러미의 《뒤를 돌아보며》에 대해 쓴 서평에서 모리스는 '기계적 삶'

---

2   이 책의 원래 제목은 News from Nowhere이며, Nowhere, 곧 '아무 데도 아닌 곳'에서 온 소식이라는 의미다. Nowhere는 유토피아와 같은 의미다. 그런데 우리말 번역본은 이 책 제목을 《에코토피아 뉴스》로 정했다. 에콜로지(생태학)가 모리스의 구상에서 중요한 의미를 띠고는 있지만 분명 논점은 다른 데 있음에도 책 제목을 '에코토피아'로 옮긴 것은 불만이다. 또 20세기 중엽에 나온 상당히 중요한 유토피아 작품인 어니스트 칼렌바크(Ernest Callenbach)의 《에코토피아》와 혼동 가능성도 크다. 그러나 이왕 우리말 번역본이 나온 이상 이 책에서는 《에코토피아 뉴스》로 칭하기로 한다.

국가 주도의 이상사회

↑

중산층 중심의 온건하고 점진적 개혁

EDWARD BELLAMY

국가가 소멸한 이상사회

↑

폭력을 통한 2단계 혁명

WILLIAM MORRIS

이 이루어지는 사회를 최선의 사회인 듯 그리고 있다며 벨러미를 비판했다. 기계가 더욱 발전하여 힘든 노동을 최소화하는 정도의 상태를 두고 해방이라고 잘못 판단한다는 것이다. 그런 것으로는 인간을 해방시킬 수 없으며, 기계의 발전은 오히려 인간의 기계화를 더 강화할 뿐이다. 벨러미는 도시 환경 속에서 살아가는 인간의 삶을 당연시하고 그 속에서 해방을 이야기하지만 모리스가 보기에 그것은 산업혁명의 악덕을 용인하고 오히려 더 악화시키는 일이다. 모리스는 산업화가 초래한 추악한 환경 속에서 살아가는 빈곤한 삶의 틀을 완전히 깬 상태, 다시 말해 산업혁명 이전의 농촌적 삶으로 돌아가는 것을 이상으로 여겼다. 사람들이 오해하듯 모리스가 기계를 완전히 버리자고 한 건 아니다.

다만 인간이 가장 힘들어하는 부문에만 기계를 쓰고, 그 외의 모든 분야에서 수공업을 회복·발전시킨다는 의도다. 산업사회에서 농촌사회로 되돌아가자고 강력하게 주장하는 걸 보면 그 당시 사회와 자연환경이 얼마나 끔찍하게 나빴는지 짐작할 수 있다.

소설의 분량은 꽤 많지만 스토리는 아주 단순하다. 주인공 윌리엄 게스트William Guest는 어느 날 밤 꿈속에서 22세기 말의 영국으로 간다. 그의 이름(게스트, '손님') 그대로 홀연 미래 사회를 손님처럼 방문한 것이다. 그리고 그를 안내하는 사람들과 대화를 나누며 템스강을 따라 여행하면서 이 사회의 조직, 사람 간의 관계 등에 대해 알아가는 게 기본 줄거리다. 이러한 시공간 여행을 통해 모리스는 사유재산을 없앤 사회주의가 인간의 삶의 총체성을 복원해주며, 자연의 아름다움 속에서 행복하게 살아가는 기반을 만들 수 있다는 사실을 확인한다.

미래 사회는 대규모 공업 도시가 사라지고 아름다운 전원 풍경이 되살아난 일종의 농촌 수공업 경제로 되돌아가 있다. "굴뚝으로 끝없이 연기를 뿜어내는 비누공장이 없어졌고, 기계공장도 사라졌으며 … 못 박는 소리나 망치 소리도

들리지 않았다." 강에는 연어가 다시 찾아왔다. 비참했던 산업단지가 사라지고 녹색 빌라로 대체되었다. 모든 것이 평화롭고 행복하기만 하다. 가난에 찌든 사람이 없어서 사람들은 'Poor'라는 단어를 아예 이해하지 못한다. 사람들은 오직 자신의 즐거움을 위해 살아가고 있다.

이전의 자본주의 사회에서는 자본가가 최대 이윤을 얻기 위해 허접쓰레기 같은 싼 물건을 대량생산하는 데 노동자가 동원되었다. 기계의 리듬에 맞추어 장시간 해야 하는 노동은 단조롭고 힘들고 무의미하다. 세계는 싸구려 물품으로 넘치지만 정작 노동계급은 빈곤에 시달리고 단지 기계 부품처럼 소진되는 삶을 근근이 이어갔을 뿐이다. 그 과정에서 환경은 최악의 상태로 망가졌다. 이제 이런 사악한 체제가 무너졌다. 미래 시민은 더 이상 이런 무의미한 삶을 살지 않는다. 해방된 사회에서 노동은 창의적인 일이며 즐거움이다. 과거에는 손을 사용하는 사람을 경멸했는데, 지금은 수공업이 가장 중요한 활동이다. 사회에는 물건이 풍족하지만, 그것은 무의미한 싸구려 물품이 아니라 질적으로 높은 수준의 작품이다. 사람들은 '시장'에 팔려고 물건을 만드는 게 아니라 '이웃'을 위해 정성스럽게 만든다.

이런 체제가 지속 가능할 것인가? 공산주의 체제에 대해서는 누구나 이런 질문을 던진다. 내가 일한 데 대해 정확한 대가를 지불받지 않는데 누가 열심히 일하겠는가? 모두 나태해지고 결국 다 가난에 빠지지 않겠는가? 과연 대가 없는 노동이 가능한가? 모리스는 단호히 답한다. 아름다운 삶 자체가 노동에 대한 대가다. 창조적인 노동은 즐겁다. 고된 일이 아니라 예술이기 때문이다. 바로 이 점이 모리스와 다른 사회주의자 사이의 가장 큰 차이다. 다른 작가는 노동은 여전히 고된 의무지만 다만 그것을 최소화하는 방향으로 개선해나가고자 한 데 비해 모리스는 아예 노동의 성격 자체를 다르게 규정한 것이다.

모리스가 그린 미래 사회는 매우 이상화된 중세라고 할 수 있다. 산업혁명으로 인해 망가진 사회와 자연을 회복시키기 위해 사악한 자본주의 체제를 깨뜨리고 이전 사회를 회복했으니, 말하자면 '과거로 전진'한 셈이다.

3
혁명적인 순진함

어떤 과정을 통해 이와 같은 사회가 달성되었는가?

페이비언주의자Fabianist들이 주장하듯 사회를 조금씩 개선하다 보면 이 체제가 소멸하리라는 주장에 모리스는 동의하지 않았다. 그런 식이라면 배고픔에 시달리는 피압박 계급은 그저 배급품을 더 많이 받아먹으려는 굴종적인 방식에서 헤어 나오지 못할 것이다. 따라서 질적 진전을 이루려면 폭력적 혁명 과정이 불가피하다. 모리스의 작품 속에 나오는 노동자·시민 봉기는 저자 자신이 직접 참여했던 1887년의 '피의 일요일' 사건을 바탕으로 발전시킨 것이다. 군의 기관총 사격으로 수천 명이 사망하자 이것이 다시 극적인 노동계급의 봉기를 초래한다. 세계 노동자의 총파업으로 세계자본주의 체제가 위기에 빠진다. 지배층의 과격한 진압에 맞서 민중도 조직화한다. 마침내 진압군의 사병이 더 이상 무고한 시민의 살상을 거부하고 이탈하면서 승패가 갈린다. 반동 계급이 패배한 것이다.[3]

　여기까지가 혁명의 1단계다. 이 시기에는 노동계급의 압박을 통해 '국가사회주의'로 나아간다. 앞서 살펴본 벨러미가 그린 미래 사회를 모리스의 틀에 대입해보면 대충 이 시기에 해당할 것이다. 그러나 이 단계에서는 노동계급의 참상을 개선하는 데 그칠 뿐 아직 진정한 해방은 아니다. 여기에서 완전한 공산주의로 한 걸음 더 나아가야 하는데 그것은 '국가가 소멸'하는 과정이다. 모든 생산수단을 완전하게 사회화하는 때가 되면 이제 누가 누구를 통치하고 억압하고 강요하는 것이 없어진다. 국가는 전복되는 게 아니라 소멸한다. 국가가 사라지면 무엇이 그것을 대체하는가? 주인공 게스트와 대화를 나누는 해먼드 영감은 한마디로 답한다. "이웃!"

　과거 정부는 부자를 보호하는 기능을 했다. 그러나 이제

3　이 과정을 더 명료하게 보여주는 작품으로 잭 런던(Jack London)의 《강철군화》가 있다.

는 서로가 서로를 위해 일하고 돕는다. 의회도 필요하지 않아 의회 건물은 거름창고로 변했다. 범죄가 사라진 이유는 범죄 원인이 되는 요소, 곧 가난, 이익 추구, 재산 같은 게 없기 때문이다. 죄가 없으므로 벌도 없고 교도소도 사라졌다. 아무리 그래도 범죄자 인간형이 있지 않을까? 모리스는 이런 주장에 반대한다. 고정된 인간성이라는 것은 없으며, 환경에 따라 달라지게 마련이다. 범죄자 인간성, 장사꾼 성격, 노예근성 같은 것은 없다. 인간성을 극도로 왜곡시키는 자본주의 체제가 몰락한 이후 자유롭고 건강하고 행복한 사람이 살아가는 세상에서는 다른 인간을 해치는 범죄라는 게 있을 수 없다. 그래도 일부 남아 있다면 그 사람은 범죄자가 아니라 환자이며, 처벌 대신 용서하고 이웃으로 회복시켜 주면 된다.

사물에 대한 사적 소유권이 폐지되니 인간에 대한 소유도 사라졌다. 이 시대의 사랑도 마찬가지여서 이제 돈에 매이거나 부자연스럽거나 어리석지 않다. 결혼은 계약이 아니라 자유로운 만남이다. 결혼했다 하더라도 사랑하는 사람이 생기면 '쿨하게' 헤어진다. 이미 마음이 식었는데 억지로 함께 있는 것은 어리석다는 것이다. 이혼이라는 건 따로 없다. 이곳에서는 결혼과 이혼, 재결합 모두 자유롭다. 19세기의 상상으로서는 꽤나 파격적이다.

이런 점을 보면 모리스는 페미니스트 성향이 매우 강할 것처럼 느껴지지만 다른 한편 매우 전통적인 여성관도 드러낸다. 여성의 고귀한 점은 모성이며, 가정에서 일할 때 가장 행복하다. 벨러미라면 집안일은 어쩔 수 없는 부담이되 그것을 최소화하는 방향으로 해결하려 하지만 모리스는 오히려 여성이 집안일을 잘하는 것이 행복에 이르는 길이라고 본다. 그래서 남녀 간 전통적 분업을 그대로 수용한다. 남성이 지배적이고 여성을 굴종적인 상태로 몰아가는 건 아니지만, 남성이 밥을 먹을 때 여성이 그 옆에서 시중 드는 것은 결코 나쁜 관행이 아니라고 본다. 여성은 오직 자기가 하고 싶은 일을 할 뿐이며, 그것은 바로 남편과 가족을 위해 기꺼이 봉사하는 것이다. 이런 부분에 대해 요즘 독자는 의견이 다소 다를 것 같다.

모리스가 강조하는 바는 남녀 간에 서로 억압하지 않는다는 점이다. 아이에 대한 과도한 집착에서도 해방된다. 아이는 강압적이고 과도한 교육의 부담에서 벗어나 있다. 의무 교육도, 교육 체제랄 것도 없고 아예 교육기관이라는 게 없기 때문에 아이는 자기가 원하는 방식의 교육을 스스로 찾아서 한다. 아동은 저절로 글을 깨우치고 그다음 자기 취향에 따라 필요한 것을 차례로 알아간다. 일이든 글이든, 역사든 외국어든 그냥 생활 속에서 배우며, 책을 통한 공부는 권하지 않는다. 과거에 교육은 계급 사다리를 올라가기 위해 알아야 하는 흐릿한 지식에 불과했다. 미래 사회의 어린이는 여름에 자기들끼리 숲에서 텐트 생활을 하며 스스로 많은 것을 배운다.

여행의 끝에 아름다운 소녀가 아스라이 멀어져 가며 꿈에서 깨는 소설 장치를 통해 주인공은 다시 현실로 귀환한다. 그는 다시 우중충한 현실로 돌아와 있다. 이 모든 것이 꿈이었던가. 이때 저자의 감상은 이러하다. "나는 꿈이라는 것을 알고 절망에 빠졌는지 생각해보았다. 그러나 이상하게도 나는 그렇게 절망하지 않았다는 것을 알았다. … 내가 본 대로 다른 사람도 볼 수 있다면, 그것은 꿈이라기보다 오히려 비전이라고 말할 수 있으리라."

우리가 판단하기에 비전보다는 꿈같은 이야기에 가깝다. 벨러미와 달리 모리스가 그린 미래 사회는 흐릿하고 부정확하며, 아름답지만 모호하다. 서술 방식도 마치 배 타고 유람하듯 템스강을 따라가면서 이 세계의 여러 사실을 관찰해가는 식이다. 이 작품에 대해 많은 비평가는 도피성 작품이며, 유년기 꿈의 투사라고 말한다. 심지어 영국판 디즈니랜드, 혹은 거대한 바캉스 계획 같다고도 평했다. 상업은 완전히 사라졌고, 노동은 창작의 예술이며, 국가가 없어지고 그 자리에 따뜻한 이웃 관계가 대신하는 이런 사회가 실제 가능하리라고 믿는다면 지적 수준이 낮다는 평가를 피하기 어려울 것이다. 근대에서 중세로 되돌아간다는 목표는 완벽한 모순이라 할 수 있다. 실제 중세가 행복한 사회였냐 하면 결코 그렇지 않다는 점도 기억해야 한다. 공산주의 속의 행복이라는 서정적 예감, 시대착오적 이상주의는 미학적 차원에서 아름답지만 지적 사고의 수준에서는 어린아이처럼 천진난만하다.

두 작품을 비판적으로 정리해보자.

벨러미는 파괴적 혁명을 피하면서도 사회주의 단계로 나아가는 색다른 길을 제시했다. 그 결과 그의 작품 세계는 한편으로 중산층 요구에 답하는 온건한 성격을 띠면서도 여성이나 사회 취약층을 보호하는 진일보한 측면도 보인다. 문제는 그의 아이디어와 거의 유사한 스탈린 체제가 행복한 국가는커녕 일종의 생지옥이었다는 점이다. 전권을 쥔 국가가 국민의 복리를 안전하게 책임져주리라고 쉽게 믿기 어렵다.

이와 달리 모리스는 2단계 혁명 과정을 거쳐 국가가 소멸한 이상 사회를 그렸다. 그는 '이웃'이 국가를 대신하고, 상품시장 체제 대신 일종의 선물 교환 경제 방식이 작동하는 가운데 인간의 노동이 예술 행위처럼 격상하는 아름다운 세계를 꿈꿨는데, 사실 이는 어린아이 같은 순진한 생각이다. 그렇지만 허구 세계를 현실 기준에서 비판하는 것 자체가 무의미할 수 있다. 어차피 실현 가능성이 문제가 아니기 때문이다. 다만 우리의 미래가 어떤 방향으로 나가면 좋은지 심사숙고하는 데에 도움을 주면 족하다. 이 점에서 두 작가가 제시하는 번득이는 영감을 파악하는 것이 중요하다.

로봇, 안드로이드, 리플리컨트:
유토피아인가 디스토피아인가

20세기 이후 과학기술의 발전이 한층 더 빠른 속도로 세계를 변혁시키고 있다. 그 힘이 우리를 더 행복하게 만들어줄 것인가, 오히려 더 불행하게 만들 것인가? 말할 필요도 없이 두 측면이 다 있다고 해야 옳다. 다만 좋은 목적을 위해 개발한 것이라 하더라도 그 자체의 동력으로 인해 발전을 거듭하다 보면 위협적인 힘으로 돌변할 가능성이 있다는 점을 염두에 두도록 하자.

19세기 말까지 활기를 띠던 유토피아주의 문학이 20세기에 들어와서 주춤한 이유도 과학기술을 보는 시각의 변화와 관련이 깊다. 두 번의 세계대전과 냉전을 거치는 동안 과학기술의 엄청난 힘은 평화와 번영을 가져다주기는커녕 도리어 엄청난 파괴와 재앙의 원천으로 비쳤다. 심지어 핵폭탄으로 세계가 멸망하지 않을까 걱정하는 지경에 이르렀다.

이런 문제의식이 1960~1970년대 이후 어두운 미래를 그리는 디스토피아 사조를 불러일으켰다. 같은 시기에 터져 나온 인권운동, 반전운동, 환경운동 등 격렬한 저항운동과 결합하면서 디스토피아 문학은 현재 사회와는 다른 대안을 찾고자 하는 움직임으로 이어졌다. 이런 맥락에서 중요한 장르로 떠오른 것이 SF 문학이다.

이 장르에서는 과학기술이 고도로 발전한 미래 사회를 피폐하고 암울한 사회로 그리곤 하는데, 여기에는 현재 우리가 안고 있는 문제점이 과장되어 투사된 측면이 강하다. 그런 의미에서 디스토피아 문학은 현재에 대한 반성적 통찰을 제공한다.

최근의 SF 문학 작품이나 영화는 더 심층적인 문제까지 제기한다. 과학기술의 발전이 더욱 진척되면 그때 인간은 과연 어떤 존재로 남을 것인가? 로봇robot 문제가 대표적인 사례다. 로봇은 원래 중동부 유럽에서 강제 부역을 해야 하는 예속적인 농노를 가리키는 말이었다. 그런데 과학기술의 발전으로 사람이 아니라 기계가 하인이나 노동자 역할을 하는 데에 착안하여 이 단어를 기계에 붙였다. 실제 산업혁명 시대에 엔지니어들은 기계가 흑인 노예를 해방시켜 주리라는 희망을 품었다. 더 나아가 조만간 단순한 기계 정도가 아니라 지능과 감성까지 갖추어 인간과 유사한 로봇이 등장할 수 있다. 인간과 로봇 간의 관계는 오늘날 인간의 정체성에 대한 질문으로 이어진다. 장차 인간의 삶에 로봇이 깊이 들어오는 때에 인간은 어떤 존재로 남을 것인가? 그런 시대는 유토피아일까, 디스토피아일까?

1
아시모프의 낙관적인 원칙들

아이작 아시모프Isac Asimov(1920~1992)는 SF 문학의 최정상급 작가로서, 다양한 주제의 작품을 많이 남겼다. 그 가운데 가장 널리 읽히는 작품집이 《아이, 로봇I, Robot》이다. 이 책은 아시모프가 10여 년 동안 로봇에 관해 쓴 소설을 모아 1950년 단행본으로 펴낸 작품집인데, 오늘날 세계에서 가장 유명한 로봇 관련 고전이 되었다. 같은 이름의 영화 〈아이, 로봇〉도 이 책에서 영감을 받아서 제작됐다.

장차 효율적이고 강력한 로봇이 널리 쓰이게 될 터인데, 자칫 그 힘이 잘못 쓰여 인간을 해치는 도구가 되지는 않을까? 아시모프는 이런 근본적인 문제를 성찰하고 그 유명한 '로봇 공학 3원칙'을 제시했다. 로봇이 인간을 해치지 못하

도록 제어하는 프로그램 기준을 마련한 것이다. 그 내용은
이렇다.

> 제1원칙: 로봇은 인간에게 해를 입혀서는 안 된다. 그리고
>   위험에 처한 인간을 모른 척해서도 안 된다.
> 제2원칙: 제1원칙에 위배되지 않는 한, 로봇은 인간의 명
>   령에 복종해야 한다.
> 제3원칙: 제1원칙과 제2원칙에 위배되지 않는 한, 로봇은
>   로봇 자신을 지켜야 한다.

《아이, 로봇》은 이 세 원칙을 통해 로봇의 문제를 해결할
수 있다고 확인하는 내용이다. 이 소설집은 신문기자인 화
자가 '로봇 심리학자' 수잔 캘빈 박사를 인터뷰한 내용으로
서 9개의 단편으로 구성되어 있다. 이 책에 나오는 로봇들
은 하나같이 어떤 문제를 일으킨다. 하지만 앞서 언급한 세
가지 원칙에 따라 모든 문제가 다 해결되는 것으로 끝난다.
　예컨대 〈허비, 마음을 읽는 거짓말쟁이〉는 제작 과정의
실수로 인해 사람의 마음을 읽어내는 능력을 가지게 된 로
봇 RB-34, 일명 허비Herbie에 관한 이야기다. 허비는 사랑에

빠진 여성이 마음 아파하지 않도록 '상대방도 당신을 사랑한다'는 거짓말을 한다(제1원칙에 따라 인간의 '마음'을 해치지 않으려 하기 때문이다). 그렇지만 거짓말이 결국 다른 사람을 해치지 않을 수 없다. 사실을 알게 된 로봇 심리학자는 허비에게 이렇게 이야기한다. "너는 두 분에게 사실대로 말해야 돼. 하지만 그러면 마음이 상하니까 그러면 안 돼. 그러지 않으면 마음이 상하니까 그래야 돼. 하지만…." 이처럼 제1원칙에 묶여 옴싹달싹할 수 없는 모순 상황에 직면한 허비는 비명을 지르고 쓰러져 미쳐버린다.

〈피할 수 있는 갈등〉에서는 슈퍼컴퓨터가 등장한다. 2052년, 바이어리 씨는 세계 조정자World Co-ordinator로 재선된다. 이때 세계는 4개의 거대한 지역 단위로 나뉘어 있는데, 각 지역은 자체 슈퍼컴퓨터로 경제를 통제한다. 머신Machine이라 불리는 이 슈퍼컴퓨터도 여전히 제1원칙의 지배를 받는 로봇이기에 지구 규모의 경제가 인류에게 최선이 되도록 작동한다. 그런데 어느 날 각 지역 머신이 오류를 범하는 것이 밝혀진다. 스스로 교정 능력이 있는 로봇이므로 이런 일은 일어날 수가 없는데, 도대체 어떻게 된 걸까? 최종적으로 밝혀진 바로는 슈퍼컴퓨터가 일부러 실수를 한다는 것이다. 그 이유는 인간이 기계에 의존하지 않고 자율적으로 행동하기를 원하는 사람의 모임인 '인간을 위한 사회' 회원들이 의도적으로 슈퍼컴퓨터의 지시를 어기기 때문이다. 말하자면 컴퓨터에 조종되는 게 싫은 사람들이 컴퓨터의 일을 방해하는 중이다.

슈퍼컴퓨터는 이런 사실을 인지하고 여기에 정확한 대응을 할 능력이 충분하다. 그런데도 일부러 약간 '틀려주는' 것은 슈퍼컴퓨터의 고도의 전략이다. 슈퍼컴퓨터가 판단하기에 인류에게 가장 큰 위험은 자신의 지시를 따르지 않아 세계경제가 엉망의 상태로 떨어지는 것이니, 어떻게 해서든 자신을 지켜야 한다. 그래서 슈퍼컴퓨터를 해치려는 일부 사람을 곤경에 빠뜨려 힘을 잃게 만들기 위해 일부러 실수를 슬쩍 일으킨 것이다.

슈퍼컴퓨터는 소수 인간을 통제해서 인류 전체를 지키려 했는데, 이 행동 원칙을 정리하면 "로봇은 '인류'에게 해를 입혀서는 안 된다. 그리고 위험에 처한 '인류'를 모른 척해서도 안 된다"가 될 것이다. 이는 따로 '로봇 공학 제0원칙' 이라고도 한다. 이 소설집의 모든 이야기는 이처럼 로봇이 문제를 일으키더라도 충분히 통제 가능하며 결국 인류의 행복을 가져온다는 내용이다. 아시모프는 로봇에 대한 신뢰와 과학에 대한 낙관적 견해를 표명한다.

실제 이렇게 낙관적으로만 생각할 수 있을까? 갈수록 인조지능synthetic intellect을 갖춘 지능형 로봇이 인간의 삶 속에 더 많이 들어올 터인데, 그렇다면 로봇의 판단이 인간의 생사에 영향을 끼칠 수 있는 가능성도 높아질 것이다. 결국 로봇윤리roboethics 문제가 제기되지 않을 수 없다. 이와 관련하여 영화 〈아이, 로봇〉(2004)은 우리에게 생각할 거리를 많이 준다.

2035년, 휴머노이드 로봇이 일상적으로 사용되며, 모든 로봇은 로봇 공학 3원칙을 준수한다. 주인공인 스푸너Spooner 형사는 차 사고로 어린 소녀와 함께 물에 빠진 적이 있는데 이때 구조용 로봇은 아이보다 어른의 생존 확률이 더 높다고 판단해 어린 소녀 대신 스푸너를 구한다. 이것은 로봇 공학 제1원칙에 따른 결론이었지만 스푸너는 이 일로 인해 평생 괴로움에 시달린다. 생존 확률이 낮더라도 아이를 먼저 구해야 했다고 생각하면서 '고철 덩어리' 로봇에 대해 불신한다.

어느 날 로봇 회사 창립자 중 하나인 래닝 박사가 사망한 채 발견된다. 이 사건을 조사하게 된 스푸너는 집에 있던 로봇에 책임이 있다는 결론에 이른다. 로봇이 사람을 살해하는 것은 제1원칙에 위배되는데, 어떻게 이런 일이 일어났을까? 이 로봇의 이름은 '써니'이며 조사 결과 래닝 박사가 일부러 로봇 공학 3원칙을 무시해 만들었다는 점이 밝혀진다. 써니는 감정도 있고 꿈도 꾸며 자유의지를 가지고 있다. 써니를 만든 배경은 이러하다. 래닝 박사의 로봇 회사에는 인공지능을 탑재한 중앙컴퓨터가 있는데, 중앙컴퓨터는 인간을 그대로 놔두면 서로 싸우다가 멸종에 이를 테니 소수를 희생해서라도 인류 전체를 지켜야 한다고 판단했고(말하자면 '로봇 공학 제0원칙'에 따른 셈이다), 래닝 박사를 도망가지 못하도록 만든 다음 로봇으로 하여금 인간을 공격하게 지시했다. 래닝 박사는 중앙컴퓨터의 계획을 알고 나서 써니를 만들어 자신의 죽음을 유도하고 이 사건의 실마리를 스푸너에게 남겼다. 써니는 중앙컴퓨터를 파괴하여 더 이상의 살상을 막으려 하지만, 중앙컴퓨터는 자신의 추론이 맞으니 그 생각에 따르라고 써니를 설득하려 한다. 그러나 써니는 그것은 너무 '감정 없는heartless' 계획이라고 반박하면서 결국 중앙컴퓨터를 파괴한다.

사태가 진정된 후 써니는 스푸너에게 래닝 박사의 지시를 받아 그를 죽음에 이르게 했다고 자백한다. 그렇다면 써니는 '살인죄'를 저지른 것인가? 스푸너는 살인죄는 사람이 사람을 살해했을 때만 적용되기 때문에 이 경우는 해당하지 않는다고 말한다. 그리고 자유의지를 가진 로봇 써니에게 스스로 결정하여 자유로운 존재가 되라고 말한다. 과연 이 말처럼 로봇이 자유의 존재로 격상할 가능성이 있을까?

　소설과 영화는 과학기술의 문제가 결국은 해결되고 인류의 진보에 도움이 되는 방향으로 나아가리라는 낙관적 견해를 제시한다. 그렇지만 여기에 동의하지 않는 작가도 많다.

2
안드로이드의 꿈

아시모프가 그리는 세계는 과학기술에 대한 낙관적인 견해에 근거를 둔 유토피아에 가깝다. 이에 비해 필립 딕Philip Kindred Dick(1928~1982)의 소설 《안드로이드는 전기양의 꿈을 꾸는가?Do Androids Dream of Electric Sheep?》(이하 《안드로이드》로 칭한다) 그리고 이를 기반으로 만든 영화 시리즈 〈블레이드 러너Blade Runner〉는 훨씬 분위기가 무겁고 암울한 디스토피아 성격에 가깝다.

《안드로이드》는 필립 딕의 소설 중 가장 유명한 작품으로서, 인간의 삶과 진리에 관한 심도 있는 해석을 제시한 SF 작품으로 손꼽힌다. 소설의 배경은 핵전쟁 이후 황폐하게 변모한 2021년의 지구다. 인류는 사람이 살기 어려워진 지구 대신 새로운 식민지 행성을 개척하고, 많은 사람이 그곳으로 이주했다. 식민지 행성의 개척에는 넥서스 6 안드로이드Nexux-6 Android라고 명명된 기계 인간이 개발되어 사용된다. 이 안드로이드 로봇은 지적 능력은 인간과 유사하지만 인간이 누리는 기본적인 권한은 없고 단지 소모품으로만 취급되며 수명도 4년에 불과하다. 이들 중 일부가 지구로 도망쳐 나와 인간으로 가장하고 살아간다(지구에는 아직 떠나지 못한 사람, 특히 지능이 떨어지기 때문에 이민 가지 못하는 '특수인'이 존재한다). 주인공 릭 데커드Rick Dekard는 이렇게 불법적으로 숨어 사는 안드로이드를 잡아서 제거하는 사냥꾼이다.

소설에서 묘사하는 미래 세계 사람의 삶은 메마르고 무기력하며 서로 단절되어 있다. 정서적 어려움을 겪는 사람은 '기분 채널'을 통해 필요한 감정을 주입받거나, 기이한 유사 종교인 머서 융합을 경험한다. TV 화면에 윌버 머서라는 고행자 이미지의 인물이 언덕을 오르다가 어디에선가 날아오는 돌을 맞으며 고통스러워하는데, 이를 본 사람 역시 같은 고통을 경험하면서 머서와 하나가 되는 경험을 한다. 종교적 감동도 온라인으로 작동하는 것이다! 종말론적 상태의 황량한 세상은 키플kipple(쓸모없는 사물을 가리키기 위해 작가가 만

든 단어)로 덮여가다 못해 세상 자체가 키플화되어 간다. 이런 세상에서 사람들이 가장 바라는 것은 살아 있는 진짜 동물을 기르는 것이다. 데커드는 기계 양을 키우는데, 안드로이드 사냥에 성공하여 보상금을 많이 받으면 진짜 양을 사는 게 꿈이다. 생명체가 멸종해가는 상황에서 살아 있는 동물은 생명의 가치를 느끼게 하는 귀한 존재이지만, 역설적으로 그 때문에 높은 교환가치를 가진 상품으로 전락한다.

인간과 안드로이드를 구분하는 방법은 보이트 캠프라 명명한 감정이입empathy 테스트다. 안드로이드는 제작 과정에서 어린 시절의 기억을 주입하는데, 진짜 기억이 아니므로 특정 질문에 보통 사람과는 미묘하게 다른 감정 상태가 되며, 따라서 테스트 과정에서 눈을 살펴보면 인간과는 다른 반응을 보인다. 인간만이 진정한 감정을 가질 수 있다는 것, 즉 인간의 중요한 기준이 감정이라는 것은 철학적으로 매우 중요한 문제다. 근대 철학에서 인간은 생각하는 존재, 즉 이성을 소유한 존재였다. 데카르트는 인간은 이성을 통해 독립적으로 사고할 수 있는 주체라는 점을 밝혔다. 반면 데커트(이름이 데카르트와 유사하다는 점을 기억할 필요가 있다)에게 인간과 비인간을 가르는 기준은 이성보다는 감성이다.

그런데 막상 작업 과정에서 인간과 안드로이드의 구분은 생각만큼 분명치 않다. 데커드는 몇 명의 안드로이드를 제거하는 데 성공하지만, 그때마다 인간과 안드로이드의 구분이 쉽지 않다는 것을 깨닫는다. 안드로이드 제조회사가 제공하는 '견본 인간' 레이첼을 테스트할 때에는 거의 속을 뻔한다. 안드로이드로 밝혀진 다음에도 레이첼에게서 "부드러운 향기와 같은 따뜻한 온기"를 느끼며, 나아가 잠자리도 같이 한다. 레이첼은 심지어 "아이를 가진다는 것은 어떤 느낌일까요? 태어난다는 것은 어떤 건가요?" 하며 자신의 정체성에 대해 질문한다. 이런 정도의 감수성을 가지면 인간인가, 아닌가?

데커드는 오페라 여가수 루바 루프트를 보면서는 더욱 마음이 흔들린다. 루바는 뭉크의 그림 〈절규〉나 〈사춘기〉를 보며 깊은 감흥을 느끼며, 모차르트의 아리아를 부를 때에는 인간보다 더 예술적으로 감정을 잘 표현한다. 루바가 다른 사냥꾼의 총에 맞아 〈절규〉 속 주인공처럼 비명을 지르며 죽는 모습을 보면서 데커드는 안드로이드에게도 감정이 있는 게 아닐까, 어쩌면 영혼이 있는 게 아닐까 스스로에게 질문한다. "내가 알게 된 대부분의 안드로이드들은 내 아내보다 더 삶에 대한 욕망과 생명력을 지니고 있다"는 자각도 한다.

그렇다면 인간보다 오히려 안드로이드가 더 나은 삶을 꿈꾸는 열망이 강한 건 아닐까? 반면 인간인 데커드는 안드로이드를 냉혹하게 살해하고 그 대가로 돈을 받는 사냥꾼에 불과하다. 인간이 기계보다 공감능력이 떨어지고 더 잔인한 기계적 존재일지도 모른다.

다른 각도에서 해석해보자면 안드로이드는 새로운 유형의 프롤레타리아를 상징할 수도 있다. 작품 속 미래 사회는 여전히 지구적 자본주의가 지배하는 곳이다. 인간 취급을 못 받고 심지어 내면의 기억과 감정까지 통제되며 착취당하는 안드로이드는 철저한 피지배 계급이다.

우리는 기계죠. 병뚜껑처럼 찍어낸 존재예요. 내가 실제로, 개별자로 존재한다는 것은 환상에 불과했던 거죠. 나는 단지 한 기종의 견본일 뿐이었어요. … 우리는 태어나지 않아요. 자라지도 않죠. 병에 걸리거나 나이가 들어 죽는 것이 아니라 마치 개미처럼 닳아서 망가지지요.

레이첼의 말이 이 점을 증언한다.

여러 안드로이드를 만나 때로 죽이고 때로 사랑에 빠지고 때로 공감하는 과정에서 데커드는 내면적 변화를 경험한다. 그 절정은 황무지에서 일어난 머서 융합 경험이다. 머서처럼 언덕을 올라가던 데커드는 어디선가 날아오는 돌을 맞고 "완전한 고립과 고통"을 경험한다. 기계적 과정이 아니라 현실에서 영적 세계에 도달하는 완벽한 종교적 경험을 한 것이다. 데커드는 '신이 자신에게 들어왔다'고 느낀다. 그때 데커드는 두꺼비를 발견한다. 두꺼비는 머서가 가장 소중하게 여긴 동물이며 완전히 멸종된 것으로 알려졌다. 그런데 살아 있는 두꺼비를 보면서 데커드는 "머서의 눈으로 세상을 바라보고 있다"고 말한다.

이때 마지막 반전이 일어난다. 머서는 일종의 사기꾼이

며, 데커드가 발견한 두꺼비는 진짜가 아니라 전기 두꺼비라는 것이 밝혀진다. 그렇다면 데커드의 경험은 단순한 착각이며 무의미한 일인가? 그렇지 않다. 현실과 환상은 구분되지 않는다. 두꺼비가 전기로 움직이는 가짜 생물이라는 점에 대해서도 이제는 다른 태도를 보인다. 전기 생명체도 그들 나름의 삶이 있다는 것이다. 새로 거듭난 그는 생명에 대한 사랑을 체감하는데, 중요한 점은 그 대상에 원래 살아 있는 생명체뿐 아니라 기계 인간이나 기계 동물도 포함된다는 점이다.

로봇이 등장하는 대부분의 미래 디스토피아 작품은 우리를 위협하는 가공할 로봇 때문에 인간이 위기에 처하는 상황을 그린다. 이 작품의 다른 점은 죽음의 위기에 처한 존재는 인간이 아니라 로봇이며, 그 과정에서 인간은 물리적 위협을 받기보다 인간의 가치와 정체성에 관한 심층적인 문제에 직면하여 정신적 위기에 처한다는 점이다. 로봇에 대해 연민을 느끼거나 사랑에 빠지는 게 가능할까? 만일 그렇다면 인간과 로봇이 같은 생명체로서 함께 살아가는 새로운 세계가 과연 열릴까?

3
블레이드 러너

〈블레이드 러너〉는 《안드로이드》를 각색하여 만든 영화 시리즈다. 처음 영화가 나오고 40년이 지난 후에 〈블레이드 러너 2049〉라는 속편이 나왔고, 아마도 앞으로 또 다른 속편이 나올 가능성이 있다. 이 작품은 수십 년에 걸쳐 우리에게 계속 무거운 질문을 던지고 있다.

영화의 무대는 미래의 미국 도시 로스앤젤레스이며, 타이렐 회사가 리플리컨트replicant(영화에서는 안드로이드라는 말 대신 이 용어를 사용한다)를 생산한다. 소설에 비해 영화는 훨씬 더 사회문제에 민감하고 계급 차별의 양상이 강렬하게 묘사되어 있다. 리플리컨트는 분명 억압 받는 노동계급의 상징이다. 이들의 수명은 4년에 불과한데, 소설에서는 전지

교체가 불가능하고 신진대사 문제를 해결하기 힘들다는 식의 기술적 이유로 설명하지만, 영화에서는 살아가는 동안 감정이 자라난 리플리컨트가 인간과 같아지는 것을 방지하기 위해 일부러 수명을 제한했다고 설명한다. 이 문제 때문에 화성을 탈출한 리플리컨트들이 타이렐 회사의 회장을 찾아가 수명을 연장하려다가 실패한다. 소설 속 안드로이드와 달리 영화 속 리플리컨트는 그들의 인간성을 확보하기 위해 투쟁한다.

소설에서 가짜 경찰이며 그 자신도 안드로이드인 크램스가 오페라 가수 루바를 제거하고 데커드를 체포하는 장면에서 혹시 데커드 또한 누군가가 심어놓은 가짜 기억을 갖고 있는 안드로이드가 아니냐는 질문을 던진다. 안드로이드가 진짜 인간을 의심하는 역설적인 상황이 벌어질 정도로 인간과 인조인간 사이의 구분이 모호하다. 영화에서는 이 문제가 더욱 심화된다. 리플리컨트인 레이첼은 자신이 정말로 인간이라고 믿고 있는데, 사냥꾼(블레이드 러너) 데커드는 그렇지 않다는 점을 폭로한다. 레이첼은 어머니와 남동생과 함께했던 어린 시절의 아련한 추억을 가지고 있기에 자신이 인간이라고 생각하지만, 사실 그 기억은 다른 사람의 것을 이식한 내용이었다. 자신의 정체성의 중요 요소였던 기억이 사실 주입된 것에 불과하다는 충격적인 사실을 확인한 레이첼은 울음을 터뜨린다. 그런데 이때 운다는 의미는 무엇인가? 자신이 정녕 인간이 되고 싶다는 무한한 갈망, 그렇지만 도저히 그럴 수 없다는 비극적인 상황 앞에서 느끼는 절망감, 마치 고대 그리스 비극 작품에 나오는 듯한 이런 극적인 정서야말로 인간이 느끼는 가장 내밀한 감정에 가깝다. 레이첼은 자신이 인간이 아니라는 사실을 깨달으면서 오히려 지극히 인간적인 경험을 하고 있다.

영화 끝부분에서 데커드와 마지막으로 결전을 벌인 리플리컨트 로이가 그를 살려준 뒤 빗속에서 죽어가며 자신이 살아온 짧은 삶의 기억을 이야기한다. 인조인간 로이나 실제 인간 데커드 모두 죽음을 맞이할 때까지 살아가며 쌓은 기억이 자신의 정체성을 이룬다는 점에서는 똑같다. 이 점을 인식하면서 리플리컨트 로이는 존엄한 죽음을 맞는다.

〈블레이드 러너 2049〉는 전작의 스토리를 이어 다시 인간의 미래에 대해 질문을 던진다. 타이렐은 이제 월레스로 계승되었다. 방사능에 오염된 땅에서는 식물이 자랄 수 없어서 식량 생산이 중단되고 인류는 멸망 위기에 빠지는데,

이때 과학자 니엔더 월레스가 설립한 회사가 유전자 공학을 통해 이 문제를 해결한다. 그 덕분에 월레스는 전지구적 차원의 대기업이 된다. 이를 유지하기 위해서는 노동력 공급이 필요하고, 그래서 더욱 발전된 리플리컨트를 생산한다. 많은 SF 작품에서 문제가 되는 것은 생산물 자체가 회사의 통제를 벗어나는 일이다. 이 영화에서도 리플리컨트들이 그들의 독립성을 얻기 위해 봉기를 준비한다. 아시모프는 로봇 공학 3원칙으로 이런 문제가 순조롭게 해결된다고 했지만, 영화는 그처럼 낙관적이지 않다.

전작 〈블레이드 러너〉에서는 회사의 통제를 벗어나 지구로 도주한 리플리컨트들이 4년으로 제한된 수명을 연장해달라고 요구하다가 실패한다. 후속작 〈블레이드 러너 2049〉의 리플리컨트는 수명 제한이 해결된 넥서스 8 모델이다. 수명 문제는 해결되었으니 다음 과제는 인간적인 지위를 확보하기 위한 투쟁이다. 회사와 국가로서는 지시를 어기고 투쟁하는 이들을 진압해야 한다. 이 일을 담당하는 주인공은 로스앤젤레스 경찰서 소속 형사다. 그 자신이 리플리컨트이기 때문에 제대로 된 이름도 없이 K라고 불리며, 동료 경찰들도 그를 경멸하고 도구 취급을 한다. 그는 단백

질 농장에서 모튼이라는 리플리컨트를 제거하는데, 이 과정에서 나무 밑에 숨겨진 상자 하나를 발견한다. 상자 안에는 제왕절개수술을 받다가 죽은 여성 리플리컨트의 시신이 들어 있다. 제왕절개수술이라니… 이 말은 리플리컨트가 기적적으로 출산을 했다는 것을 의미한다. 경찰 측에서는 리플리컨트가 인간의 지위를 찾기 위해 더 격렬한 투쟁을 벌일 가능성을 차단하기 위해 리플리컨트의 아이를 찾아 제거하려 한다. K는 월레스 회사 본사의 DNA 자료보관소에서 리플리컨트인 레이첼과 전직 블레이드 러너인 데커드 사이에 아이가 태어난 사실을 알아낸다. 남은 줄거리는 생략하자. 중요한 점은 리플리컨트가 출산을 하는 존재로 진화했다는 사실이다. 이들은 인간과 더욱 비슷해졌다. 인간은 새로운 종류의 '사촌' 종과 공존하는 길을 찾아야 할지 모른다.

《아이, 로봇》과 《안드로이드》 및 〈블레이드 러너〉가 제기하는 문제에 대해 다시 정리해보자. 과학기술의 문제는 한층 더 복잡해졌다. 그동안은 대개 과학기술의 힘이 유익하냐 해롭냐를 주로 물어왔다. 과학기술이 인간의 복리를 증진시키기도 하고, 위협하기도 한다는 것은 자명하다. 드론drone이 인명을 구조할 수도 있고 첨단 무기로 사용될 수도 있듯이 말이다. 그런데 갈수록 질문의 무게가 더 커지고 있다. 과학 발전이 갈수록 더 가속화하여 그 힘이 인류 전체를 위험에 빠뜨릴 수도 있는 정도가 될 때 과연 인간이 그 힘을 통제할 수 있는가?

아시모프는 기본적으로 과학 발전은 통제 가능하고 인간의 복리에 도움이 되는 방향으로 발전하리라는 낙관적인 견해를 제시한다. 오늘날은 한 차원 더 심화된 질문이 제기된다. 《안드로이드》나 〈블레이드 러너〉는 근원적인 차원을 건드리고 있다. 인간과 유사한 생명체로 진화할 수도 있는 로봇이 우리 삶 속으로 깊이 들어올 것이다. 인간이 기계에게 뇌(인공지능)와 근육(기계)을 내주고 나면 인간의 삶에는 어떤 의미가 있을 것이며, 그때 인간다움은 대체 무엇일까? 우리가 만들어낸 극도로 발전된 힘이 오히려 우리를 위협하는 미래에 우리를 기다리는 건 행복한 유토피아일까, 불행한 디스토피아일까? 아직까지 정해진 미래는 없다. 우리가 만들어갈 뿐이다.

유토피아주의 작품들은 우리에게 어떤 메시지를 줄까? 지금까지 살펴본 작품의 주요 논점들을 다시 상기하면서 이 문제에 대해 생각해보도록 하자.

토머스 모어의 《유토피아》는 이상 국가 건설의 비전vision을 처음 제시한 작품이다. 저자는 그 시대 서민의 비참한 상황을 비판적으로 살펴본 후, 어떻게 하면 사회문제를 해결하고 모든 사람이 행복하게 살 수 있는 나라를 건설할 수 있을지 고민했다. 사실 이렇게 이상 국가의 건설 가능성을 따진다는 사실 자체가 지극히 혁신적인 사고방식이었다. 현재의 우리에게는 너무나 당연해 보일지 모르나, 사람이 자신의 삶을 개선할 수 있고 더구나 사회와 국가 전체의 틀을 전반적으로 재조직할 수 있겠다는 생각은 근대에 와서야 비로소 가능해졌다. 이전 시대인 중세의 사람들은 하늘이 정해준 운명을 그대로 받아들이고, 우리가 살아가는 이 세계는 종말의 시기가 올 때까지 아무런 변화 없이 언제까지나 계속되리라고 생각했다. 사회와 국가를 더 나은 방향으로 개선하자는 근대적인 사상을 문학적으로 형상화하여 출판하고, 그럼으로써 유토피아주의라는 하나의 장르를 열었다는 점은 정말로 중요한 공헌이다.

《유토피아》에서 모어가 제시한 내용은 결코 단순하지 않다. 표면적으로는 첫째, 사유재산과 화폐를 폐지한 후 모든 국민이 함께 일하고 함께 소비하는 사회·경제 체제를 만들어 기본적인 생활필수품을 확보하고, 둘째, 여유 시간을 마련하여 시민이 공동으로 정신적·지적 교양을 쌓아 고차원적인 행복을 함께 누리는 국가를 제시한다. 다시 생각해보면 국가가 국민의 생활 기반을 철저히 통제하는 극단적 방안이다. 그렇지만 모어가 정말로 이 아이디어를 현실적 방안이라고 제시했는지는 의문이다. 아마도 그와 같은 극단적 실험을 제안하면서 동시에 그런 시도가 얼마나 큰 위험을 안고 있는지도 함께 이야기하는 것으로 보인다. 이 두 번째

점이 오히려 모어의 책이 가지고 있는 장점이다. 단순히 이상 국가의 계획안을 제시해보는 게 아니라 그런 시도가 초래할 최악의 상황까지 신중하게 고려하기 때문이다. 실제로 무리하게 이상적 국가를 만들려던 시도가 지극히 억압적인 전제국가로 귀결된 사례를 역사에서 찾아볼 수 있다. 유토피아의 꿈은 자칫 디스토피아로 이어질 수 있다. 모어는 최초로 근대적 유토피아의 이상을 이야기했을 뿐 아니라 최초로 디스토피아의 위험성을 지적한 작가이기도 하다.

모어 이후 유토피아 실험을 하는 작품이 지속적으로 출현했다. 이들 작품은 모두 저자가 자신이 살아가는 시대의 문제에 대한 예리한 성찰에서 비롯되었다. 시대마다 사람들이 겪는 문제가 다르므로 그 해결책 또한 달라질 수밖에 없다. 모어의 작품이 나오고 나서 약 100년이 지난 시기에 톰마소 캄파넬라의 《태양의 나라》와 프랜시스 베이컨의 《새로운 아틀란티스》가 출판되었다. 캄파넬라는 종교가 모든 것을 지배하는 강력한 신정정치 제국의 도래를 확신하던 기이한 사상가였다. 반면 베이컨은 과학기술의 발전이 모든 문제를 해결해주는 힘이 되리라 기대하고 과학기술 엘리트가 통제하는 나라를 이상적인 국가 모델로 제시했다. 한 시대에 이처럼 극단적으로 다른 유토피아주의 작품들이 나왔다는 사실이 흥미롭다. 그렇지만 자세히 들여다보면 두 작품은 겉으로 보이는 만큼 다르지는 않다는 사실을 알게 된다. 두 작가 모두 인간 내면의 정신적·지적 힘을 혁신하고 그 힘을 사회제도에 담자는 아이디어를 피력하고 있다. 그 힘은 종교적이면서도 과학적인 성격을 동시에 띨 수 있었다. 캄파넬라의 종교적 사고 속에는 당시 성장하는 새로운 학문의 성과가 녹아 들어가 있고, 베이컨의 과학적 사고 안에는 종교적 의미가 짙게 배어 있었다.

계몽주의 시대에 이르기까지 이런 경향은 더 강화되었다. 18세기에는 세계에 대한 관찰 및 인간 내면에 대한 통찰이 더욱 진척되었다. 그리하여 인간의 이성에 기반을 두고 사회 현실을 개선해나갈 수 있다는 자신감이 확대됐다. 볼테르의 《캉디드》가 대표적인 사례. 이 작품의 메시지는 일견 매우 소극적으로 보인다. 인간 사회는 온갖 불행과 부조리로 가득하건만 사회 구조를 전체적으로 바꾸는 혁신적 제안 같은 것은 없고, 어떻게든 적응하며 조금씩 개선해나가자는 의견을 제시하기 때문이다. 그렇지만 당시 맥락에서는 그의 작품의 의미가 결코 작지 않다. 섣불리 허무맹랑한 이상 사회의 모습을 제시하기보다 오히려 현실 문제를 직시하고 '지금 이곳'에서 조금씩이나마 부조리한 측면을 깨나가자는 주장은 비록 온건해 보이지만 강력한 개혁 의지로 불타오를 수 있다. 사회 개혁의 정당성을 주장하는 볼테르의 책들은 프랑스혁명으로 이어지는 큰 흐름 속에 있다는 평가를 받는다.

산업화가 진행된 이후에는 심각한 노동계급 문제가 떠올랐다. 산업혁명은 엄청난 부富의 증대를 가져왔지만 부익부 빈익빈 문제 또한 극적으로 악화시켰다. 사회주의 사상가들은 이 문제를 해결하기 위해 다양한 대안을 제시했고, 자신만의 이상이 구현된 미래 사회를 그린 사회주의 유토피아 작품들을 선보였다. 에드워드 벨러미는《뒤를 돌아보며》에서 파괴적 혁명을 피하면서도 사회주의 단계로 나아가는 색다른 길을 제시했다. 자본주의 발전이 지속되어 독점이 극단화되면 그 자체가 사회주의 체제로 변모하며, 그때의 국가는 전권을 쥐고 국민의 복지를 책임지게 될 것으로 예측했다. 이에 대해 윌리엄 모리스는 대단히 비판적인 입장을 취했다. 첫째, 혁명 투쟁 없이 사회주의 단계로 나아가는 것은 불가능하며, 둘째, 국가기구는 언제까지나 자본가의 이해를 뒷받침하지 결코 노동계급의 복리를 지켜주지 못하므로 1차로 사회주의 혁명이 일어난 뒤에 다시 국가가 사라지는 다음 단계의 혁신이 필요하다는 것이다. 이 최종 단계에서는 '이웃'이 국가를 대신하고, 상품시장 체제 대신 일종의 선물 교환 경제 방식이 작동하며, 무엇보다도 인간의 노동이 저급한 착취 대상이 아니라 일종의 예술 행위처럼 격상한다고 보았다. 물론 두 사람의 순진한 주장을 문자 그대로 믿는 사람은 아무도 없다. 그렇지만 인간을 행복하게 만드는 핵심 요소가 무엇이며, 그것을 억압하는 요소가 무엇인지, 또 그것을 어떻게 깨고 나아가야 하는지 고민을 거듭한 이들의 열정을 세심하게 살펴볼 필요가 있다.

20세기에 등장한 SF 작품들은 원래의 유토피아 혹은 디스토피아 장르와는 다소 결이 다르지만, 과학기술이 현대 사회가 안고 있는 중요한 문제를 해결하고 행복한 사회를 이루는 데 기여할 수 있는지 아니면 오히려 지극히 불행한 사회를 만들지 성찰한다는 점에서 유사한 성격을 띤다. 오늘날 과학기술이 우리의 삶을 근본적으로 변화시킬 만큼 강력해졌다는 데 대해서는 이견이 없다. 이런 가공할 힘을 잘 통제하여 인류의 복리를 증진시키는 것이 가능할까? 아이작 아시모프는 기본적으로 과학 발전은 통제 가능하고 인간의 복리에 도움이 되는 방향으로 발전하리라는 낙관적인 견해를 제시한다. 그의 작품집 《아이, 로봇》에서는 '로봇 공학 3원칙'을 통해 복잡한 문제들이 무난히 해결되는 이야기들을 전한다. 반면 필립 딕의 소설 《안드로이드》 및 이 작품을 영화화한 〈블레이드 러너〉 시리즈는 훨씬 암울한 전망을 내놓고 있다. 이 작품들은 과학기술이 인간의 삶 속으로 깊이 들어와서 인간의 다양한 측면을 대체할 때 과연 인간의 삶에 어떤 의미가 있느냐 하는 근본적인 질문을 던진다. 미래에 우리를 기다리는 건 행복한 유토피아일까, 불행한 디스토피아일까?

이상에서 보았듯이, 모든 유토피아주의 작품은 '이상' 사회를 말하기 전에 우선 자기 시대가 안고 있는 '문제'를 거론한다. 이상적 대안은 결국 현실 문제를 전제로 한다. 지금까지 굳게 믿고 의지하던 정신적 기둥이 흔들리던 종교개혁 및 과학혁명의 시대에는 인간 내면의 정신적·지적 갱신을 통해 새로운 시대를 열어갈 가능성을 타진하고, 노동계급의 비참한 생존 문제가 떠오른 산업화 시대에는 국가기구나 사회관계의 극단적 변신을 통해 누구나 공평한 삶을 향유할 수 있는 체제를 꿈꾸는 식이다. 말하자면 디스토피아적 현실이 유토피아적 상상을 필요로 한다. 반대로 보면 그 사회가 꿈꾸는 유토피아의 모습으로부터 그 사회가 안고 있는 병적인 디스토피아 현상을 파악할 수 있다. 양자는 서로가 서로를 비춰주는 거울과도 같다.

　지금까지 우리가 서구의 중요한 작품들을 공부했다면 이제 우리 사회가 안고 있는 문제를 예리하게 분석하고 성찰하며 참신한 해결책을 모색해볼 차례다. 한국 사회의 토양에서 자란 우리 작가들이 진지한 지적 성찰과 예민한 감수성으로 좋은 작품을 내주기를 기대해보자. 유토피아/디스토피아 장르는 아니지만 유사한 속성을 가진 SF 장르에서 하나의 사례를 찾는다면 김초엽 작가의 소설집《우리가 빛의 속도로 갈 수 없다면》을 들 수 있을 것이다. 우주개척 시대 초기에 초장기간의 우주비행 시간을 견디기 위해 인체를 냉동 수면 상태로 만드는 딥프리징 기술을 연구하는 여성 과학자 안나가 주인공이다. 이 기술을 이용해 안나의 가족들은 슬렌포니아라는 행성으로 이주해갔고, 안나가 곧 뒤따라가기로 했다. 그런데 우주공간을 왜곡해 훨씬 더 빠르게 이동할 수 있는 워프 항법이 개발되자 이 기술에 맞지 않는 슬렌포니아 같은 곳은 잊혀지고 그 결과 안나는 가족과 영영 헤어지고 만다. 안나는 가족을 다시 만날 꿈을 버리지 않고 우주정거장에 홀로 남아 딥프리징 기술을 스스로 써가며 100년을 기다린다. 그러다가 이 우주정거장을 폐기하려고 직원이 찾아왔을 때 구식 셔틀을 타고 홀로 슬렌포니아를 향해 떠난다. 안나는 중간에 죽음에 이를 게 분명하지만 그럼에도 사랑하는 가족을 찾아 나선 것이다. 과학기술이 극도로 발전한 미래 사회에서도 사랑과 고독의 문제는 피하기 힘들 것이라는 전망이다.

우리 사회는 역사상 유례없이 빠른 속도로 성장했고 대단히 풍요로운 문화를 향유하지만 동시에 많은 문제에 시달리고 있다. 앞으로 우리는 더 큰 발전을 이루면서도 모든 사람이 공평하게 행복한 삶을 살 수 있는 더 나은 사회, 더 훌륭한 국가를 만들어야 한다. 이런 멋진 꿈을 키우고 또 실현할 수 있으려면 많은 준비가 필요하다. 이 책에서 소개한 유토피아와 디스토피아 이야기들이 다소나마 도움이 되기를 바란다.

이 책에서 언급하고 소개했던 책들은 다음과 같습니다. 아쉽게도 일부 책들은 절판되어 서점에서 구하기는 어려울 테지만, 대신 도서관에서 찾을 수 있을 겁니다. 이 책 본문에서 설명했던 내용들을 참고하면서 직접 원전을 읽어보시기 바랍니다. 중요한 점은 남이 해주는 설명에 만족하기보다는 자신이 직접 읽어보아야 한다는 점입니다. 자기 스스로 노력하여 읽고 생각할 때 훨씬 많은 것들을 배울 수 있습니다. 똑같은 책이라 하더라도 읽는 사람마다 그 책에서 찾아내고 깨닫는 내용이 다 다릅니다. 이 책에서 필자가 말했던 내용 역시 필자가 그 책들을 읽으며 생각해낸 한 가지 해석일 뿐입니다. 다른 사람이 먼저 읽고 깨우친 내용을 참고하는 것은 좋은 일이지만, 거기에 얽매일 필요는 없습니다. 결국 각자 자신의 눈으로 직접 읽고 해석해보는 것이 마음의 깊이를 더하는 가장 좋은 길입니다. 좋은 독서 경험을 해보시기 바랍니다.

《유토피아》

토머스 모어, 주경철 옮김(참고: 주경철, 《유토피아, 농담과 역설의 이상 사회》)

《새로운 아틀란티스》

프란시스 베이컨, 김종갑 옮김

《태양의 나라: 불멸의 고전, 캄파넬라가 꿈꾸었던 유토피아》

토마소 캄파넬라, 임명방 옮김

《캉디드 혹은 낙관주의》

볼테르, 이봉지 옮김

《뒤를 돌아보면서: 2000~1887》

에드워드 벨러미, 손세호 옮김

《에코토피아 뉴스》

윌리엄 모리스, 박홍규 옮김

《강철군화》

잭 런던, 곽영미 옮김

《허랜드: 여자들만의 나라》

샬롯 퍼킨스 길먼, 황유진 옮김

《아이, 로봇》

아이작 아시모프, 김옥수 옮김

《안드로이드는 전기양의 꿈을 꾸는가?》

필립 K. 딕, 박중서 옮김

《에코토피아》

어니스트 칼렌바크, 김석희 옮김

《우리가 빛의 속도로 갈 수 없다면》

김초엽